图1-1 杏三芽并生
（中间叶芽，两旁花芽）

图1-2 新泰市杏园（2013年低洼沟地杏树曾经发生严重冻害）

图2-1 杏新品种（一）（A.'开园'；B.'春华'）

图2-2 杏新品种（二）（A.'立园'；B.'满园'）

图2-3 杏新品种（三）（A.'英华'；B.'玉华'）

图2-4 杏新品种（四）（A.'国华'；B.'美华'）

图2-5 杏的简易加工制品（A.杏干；B.冷冻杏；C.杏汁）

图2-6 杏优良品种（一）（A.'金太阳'；B.'凯特'）

图2-7 杏优良品种（二）（A.'珍珠油杏'；B.'济丽红'）

图3-1 种子处理（A.种仁用赤霉素处理；B.种仁播种于育苗基质；C.种子仅剥去部分内种皮的改进方法）

图3-2 双舌接过程（A.准备接穗和电热锅；B.封蜡；C.双舌接）

图3-3 改接品种（A.插皮接；B.改接树开花；C.改接树结果）

图3-4 丁字形芽接（A.接穗；B.芽接；C.剪截后接芽萌发生长）

图3-5 受害树体（A.涝害树；B.小蠹；C.小蠹侵害症状）

图3-6 杏的成熟期间隔和价格（A.'春华'5月11日，'立园'5月17日，'国华'5月下旬；B.2019年泰安水果店'开园'价格）

图3-7 栽植方式（A.起垄的高垄畦田；B.生产园起垄栽培与滴灌）

图3-8 栽植方式（A.高垄畦田与排水沟；B.梯田栽植杏树）

 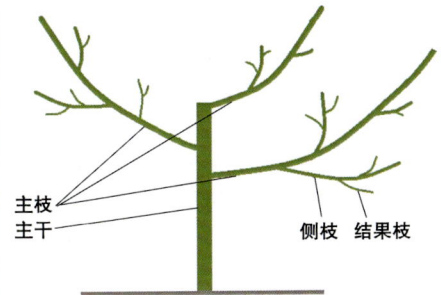

图3-9 全园土地用挖掘机深翻　　　　图3-10 开心形整形示意图

图3-11 施肥（A.长沟施有机肥和化肥；B.放射状沟施化肥）

图3-12 保水措施（A.覆盖园艺地布；B、C.多年后还在用的毡布）

图3-13 果园管理（A.使用7年的毡布；B.行间排水沟；C.黑色地布）

图3-14 果实管理（A.高坐果率品种；B.疏果；C.低坐果率品种）

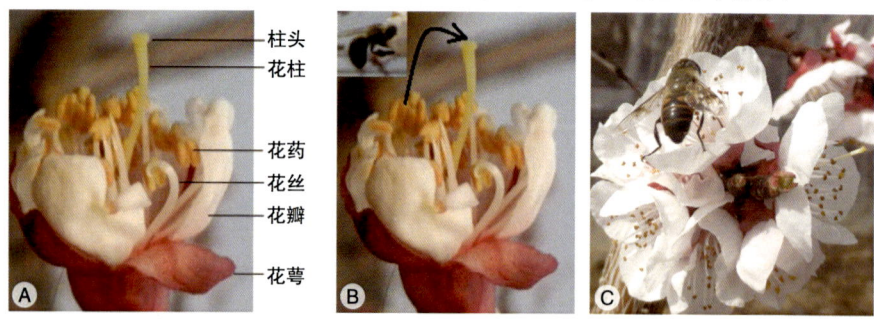

图3-15 蜜蜂传粉（A.花的构造；B.蜜蜂帮助授粉；C.蜜蜂沾采花粉）

图3-16 人工授粉（A.花蕾；B.花粉；C.花朵花粉直接对母本柱头授粉）

图3-17 防鸟网

图3-18 容器与树形（A.硬壳容器；B.疏散分层形）

图3-19 树形（A.开心形；B.两主枝的Y形）

图3-20 伸手可及树顶的开心形杏树（A.大田杏树；B.棚室杏树）

图4-1 病害（一）（A.杏根腐病；B.褐斑穿孔病初期；C.褐斑杏穿孔病后期）

图4-2 病害（二）（A.杏叶焦边病；B.炭疽病为害果实；C.炭疽病为害叶片）

图4-3 病害（三）（A.杏褐腐病；B.杏树木腐病1；C.杏树木腐病2）

图4-4 病害（四）（A.杏流胶病；B.杏流胶病；C.剪锯口流胶）

图4-5 病害（五）（A.杏红点病；B.苗木立枯病；C.苗木立枯病的病苗枯死）

图4-6 虫害（一）（A.杏仁蜂为害症状；B.杏仁蜂幼虫；C.杏仁蜂成虫）

图4-7 虫害（二）（A.梨小食心虫为害新梢；B.梨小食心虫幼虫；C.杏蚜为害）

图4-8 虫害（三）（A.桃粉蚜；B.桃蛀螟蛀果；C.桃蛀螟幼虫）

图4-9 虫害（四）（A.桃一点叶蝉为害症状；B.桃一点叶蝉成虫；C.杏芽瘿螨）

图4-10 虫害（五）（A.红蜘蛛为害症状；B.红蜘蛛成螨和卵；C.舟形毛虫）

图4-11 虫害(六)(A、B.苹小卷叶蛾虫苞和幼虫;C.黑星麦蛾幼虫)

图4-12 虫害(七)(A.黄刺蛾虫茧;B.黄刺蛾低龄幼虫;C.黄刺蛾老熟幼虫)

图4-13 虫害(八)(A.铜绿丽金龟成虫;B.斑衣蜡蝉卵块;C.斑衣蜡蝉若虫)

图4-14 虫害(九)(A.茶翅蝽成虫;B.桑白蚧;C.朝鲜球蜡蚧)

图4-15 虫害（十）（A.黑蚱蝉蜕皮；B.黑蚱蝉成虫；C.黑蚱蝉产卵孔）

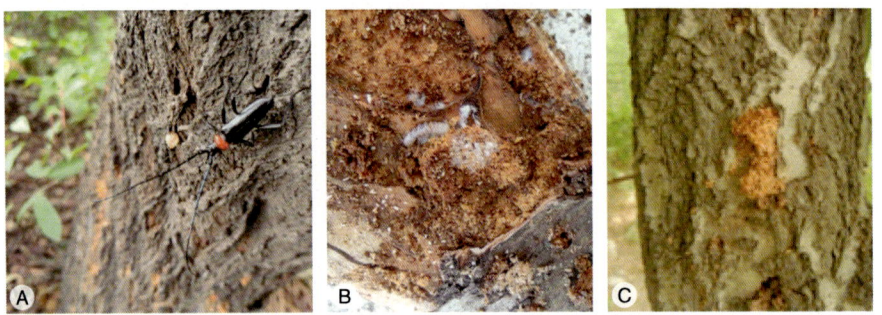

图4-16 虫害（十一）（A.红颈天牛成虫；B.红颈天牛幼虫；C.红颈天牛幼虫粪便）

图4-17 虫害（十二）（A.多毛小蠹羽化孔；B.多毛小蠹幼虫；C.多毛小蠹蛀道）

图5-1 监测害虫（A.彩色粘虫板；B.黄色粘虫板；C.白色粘虫板）

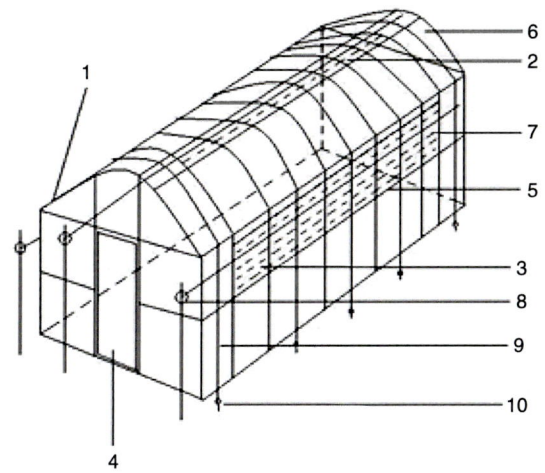

附图1-1 大棚结构示意图（1.大棚结构支架；2.通风天窗；3.通风侧窗；4.棚门；5.压膜槽；6.棚膜；7.防鸟网；8.卷膜器；9.压膜绳；10.地栓）

附图2-1 老式的冬暖式塑膜大棚及自动卷毡机　　附图2-2 老式的冬暖式塑膜大棚内部

附图2-3 栽培杏大棚外观（A.钢架全保温被式；B.保温墙/保温被式）

附图2-4 栽培杏大棚内部结构（A.钢架全保温被式；B.保温墙/保温被式）

山东省重点研发计划资助项目（课题2021LZGC007-2）

杏新品种栽培技术

苑克俊　主编

中国农业科学技术出版社

图书在版编目(CIP)数据

杏新品种栽培技术 / 苑克俊主编. --北京：中国农业科学技术出版社,2025.3. --ISBN 978-7-5116-7352-7

Ⅰ.S662.2

中国国家版本馆 CIP 数据核字第 202557N7L9 号

责任编辑　崔改泵
责任校对　李向荣
责任印制　姜义伟　王思文

出 版 者　中国农业科学技术出版社
　　　　　北京市中关村南大街 12 号　邮编：100081
电　　话　(010)82109194(编辑室)　(010)82106624(发行部)
　　　　　(010)82109709(读者服务部)
网　　址　https://castp.caas.cn
经 销 者　各地新华书店
印 刷 者　北京建宏印刷有限公司
开　　本　148 mm×210 mm　1/32
印　　张　3.75　彩插　16 面
字　　数　108 千字
版　　次　2025 年 3 月第 1 版　2025 年 3 月第 1 次印刷
定　　价　28.00 元

━━◁ 版权所有·翻印必究 ▷━━

主编简介

苑克俊，博士，研究员，1963年出生于山东省莒县。1988年山东农业大学硕士研究生毕业后进入山东省果树研究所工作，2000年获中国农业大学博士学位。曾以访问学者身份在荷兰瓦赫宁根大学、美国华盛顿州立大学留学。曾担任山东省林业厅设立的省林业科技创新（特色果品）团队岗位专家、杏产业国家创新联盟理事和中国园艺学会李杏分会理事。2020年获山东省评审颁发类高层次人才证书。获得山东省科学技术进步奖3项、市厅级科技进步奖5项。主持和参与农业农村部、山东省科学技术厅、山东省林业厅、山东省农业科学院和泰安市科技局杏育种方面的多项课题，选育出'开园''春华''立园'3个山东省审定杏品种，选育的'满园''国华''玉华'等杏品种被国家林业和草业局授予植物新品种权。

《杏新品种栽培技术》
编委会

主　编：苑克俊

副主编：牛庆霖　张甘雨　高华君

前言
Forword

  杏在初夏新鲜水果供应市场上具有不可替代的作用。随着经济的发展和人民生活水平的提高，人们对水果的多样性需求增加，对水果质量和安全性的关注增加。为满足人民生活水平提高后对水果多样性、高质量、健康安全的需求，科技工作者不仅要培育多样性的优良品种，还要研究与之配套的栽培技术。本书作者团队长期从事杏树的育种、栽培和病虫害防治研究，选育出了一些杏优良新品种，包括填补市场供应空窗期的极早熟品种'开园'和'春华'。在此基础上，为了给新品种的示范应用提供支持，以山东省农业良种工程项目课题（2021LZGC007-2）的"杏新品种栽培技术规程"和多年基层科技服务的讲稿内容为基础，并将内容细化和扩充编写了本书。在基层进行科技服务授课时，多个活动主办方希望能够提供相关讲解的图书，这也是编写本书的重要起因。

  本书内容是生产实践和作者在长期科研、科技服务工作中常见问题的归纳总结。例如，涝害引起死树问题，杏树主要害虫杏仁蜂防治时机问题，小蠹虫发现后难以防治问题。希望种植者高度重视，建园初始就要做好排水防涝害等相关工作，防治杏仁蜂喷药要注意掌握时机，生产中要持续注意防控小蠹虫。本书重点讲述了以下内容。

  （1）在品种方面，优先介绍和推荐早熟品种'立园'和目前生产上短缺的极早熟品种'春华'，以拉长鲜杏的市场供应期，在鲜杏供应市场上做到"人无我有"。

  （2）基于杏树是多年生植物，建议准备发展杏树时要特别注意

园地选择,避免在不适宜的地方栽植杏树。为充分利用极早熟品种杏的特性,建议在山岭地背风向阳的地块栽植。

(3)从生产高质量、健康安全水果着眼,强调在注重新品种选择的基础上,要同样注重土肥水管理和整形修剪等配套栽培技术,力求为杏树创造一个良好的生长环境。倡导绿色食品理念,不提倡在果园使用除草剂,建议选用低毒高效药剂进行病虫害防控。例如,由于高效氯氟氰菊酯不在 A 级绿色食品生产允许使用的农药清单中,不建议再用 2.5% 高效氯氟氰菊酯 2 000 倍液防治杏仁蜂等害虫。建议从"中国农药信息网"上查询最新的防治药剂。

(4)针对农村劳动力短缺趋势,研究简化的土肥水管理、整形修剪和病虫害防控等技术,力求为种植者提供省力的栽培管理技术和相对舒适的工作环境。例如,利用缓释肥减少施肥次数,一年仅施 1 次缓释复合肥和有机肥的简化施肥技术,选在春季杏树芽萌动前施肥;选用低毒高效药剂,采用在幼果期喷施 1~2 遍药的病虫害综合防控技术。

(5)着眼于果园管理机械化发展的趋势,推广适合机械化操作的宽行密株栽植方式。

在杏的研究和科技服务工作中,以及在本书编写过程中,得到了领导、同事、专家、老师、同学、亲友和杏树种植者的大力支持和帮助,在此表示衷心的感谢!特别感谢山东省果树研究所孙瑞红研究员在图书编写过程中给予的支持和帮助。

苑克俊
2024 年 12 月

目录 CONTENTS

第一章　杏树栽培历史和生长结果习性 …………………………… 1
　第一节　杏树栽培历史 …………………………………………… 1
　第二节　杏树生长结果习性 ……………………………………… 2
　　一、生长发育习性 ……………………………………………… 2
　　二、物候期 ……………………………………………………… 4
　　三、生长环境条件 ……………………………………………… 4
　参考文献 …………………………………………………………… 4
第二章　杏新品种及其他优良品种 ……………………………… 6
　第一节　优良早熟新品种 ………………………………………… 6
　　一、开园 ………………………………………………………… 6
　　二、春华 ………………………………………………………… 7
　　三、立园 ………………………………………………………… 9
　第二节　可引种试验栽培的新品种 ……………………………… 10
　　一、满园 ………………………………………………………… 10
　　二、英华 ………………………………………………………… 11
　　三、玉华 ………………………………………………………… 12
　　四、国华 ………………………………………………………… 13
　　五、美华 ………………………………………………………… 15
　第三节　建采摘园搭配栽植的其他优良品种 …………………… 17
　　一、金太阳 ……………………………………………………… 17

· 1 ·

　　二、凯特 …………………………………………… 17
　　三、珍珠油杏 ……………………………………… 17
　　四、济丽红 ………………………………………… 18
  参考文献 ……………………………………………… 18
第三章　杏树生产管理技术 ……………………………… 20
  第一节　育苗 ………………………………………… 20
　　一、种子处理方法 ………………………………… 20
　　二、苗木嫁接方法 ………………………………… 21
  第二节　新品种建园 ………………………………… 24
　　一、建园选地 ……………………………………… 24
　　二、品种配置 ……………………………………… 25
　　三、栽植方式 ……………………………………… 30
　　四、苗木定植 ……………………………………… 31
　　五、大树改接新品种 ……………………………… 31
  第三节　杏幼树管理 ………………………………… 32
  第四节　杏成龄结果树管理 ………………………… 34
　　一、土壤管理 ……………………………………… 34
　　二、施肥 …………………………………………… 35
　　三、灌溉与排涝 …………………………………… 35
　　四、杂草处理 ……………………………………… 36
　　五、花果管理 ……………………………………… 37
　　六、果实采收 ……………………………………… 38
　　七、清园 …………………………………………… 38
　　八、整形修剪 ……………………………………… 38
  参考文献 ……………………………………………… 40
第四章　杏树病虫害及防控要点 ………………………… 42
  第一节　杏树病害 …………………………………… 42

目 录

一、杏根腐病 …………………………………… 42
二、杏细菌性穿孔病 …………………………… 43
三、杏褐斑穿孔病 ……………………………… 43
四、杏疔病 ……………………………………… 44
五、杏叶焦边病 ………………………………… 44
六、杏炭疽病 …………………………………… 45
七、杏褐腐病 …………………………………… 45
八、杏疮痂病 …………………………………… 46
九、杏树根癌病 ………………………………… 46
十、杏树木腐病 ………………………………… 47
十一、杏流胶病 ………………………………… 48
十二、杏红点病 ………………………………… 48
十三、杏树黄叶病 ……………………………… 48
十四、苗木立枯病 ……………………………… 49

第二节　杏树害虫 ………………………………… 49
一、杏仁蜂 ……………………………………… 49
二、杏象甲 ……………………………………… 50
三、梨小食心虫 ………………………………… 51
四、杏蚜 ………………………………………… 52
五、桃粉蚜 ……………………………………… 52
六、桃蛀螟 ……………………………………… 53
七、桃一点叶蝉 ………………………………… 54
八、杏芽瘿螨 …………………………………… 54
九、红蜘蛛 ……………………………………… 55
十、舟形毛虫 …………………………………… 55
十一、苹小卷叶蛾 ……………………………… 56
十二、黑星麦蛾 ………………………………… 57

· 3 ·

十三、黄刺蛾	58
十四、桃剑纹夜蛾	58
十五、黑绒金龟	59
十六、铜绿丽金龟	60
十七、斑衣蜡蝉	60
十八、茶翅蝽	61
十九、桑白蚧	62
二十、朝鲜球蜡蚧	63
二十一、草履蚧	63
二十二、黑蚱蝉	64
二十三、红颈天牛	64
二十四、多毛小蠹	65

参考文献 …… 66

第五章 杏病虫害综合防控技术 …… 69
第一节 杏树害虫的监测预报 …… 69
第二节 杏幼树病虫害防控 …… 70
一、杏树病虫害综合防控药剂的筛选 …… 71
二、杏树病虫害综合防控 …… 72
三、杏仁蜂危害严重杏园的病虫防控 …… 73
四、个别病虫害的单独防控 …… 74
第三节 杏成龄树病虫害防治 …… 75
参考文献 …… 76

附 录 …… 77
附录一 新品种杏简易塑膜大棚栽培试验 …… 77
附录二 可参考的'金太阳'杏冬暖塑膜大棚温湿度指标 …… 83

第一章 杏树栽培历史和生长结果习性

第一节 杏树栽培历史

杏树原产我国，栽培历史悠久。公元前1300年开始出现的商朝甲骨文有5种写法的杏字[1]。周朝（公元前1046年—前256年）应用的农历书《夏小正》记载有"正月，梅杏杝桃则华；四月，囿又见杏"，意即"正月，梅、杏、山桃开花；四月，园中的杏果成熟"，而《夏小正》很可能起源于夏朝（公元前2070年—前1046年）[2-3]。这些说明我国栽培杏的历史肯定超过3 000年，很可能超过4 000年。这与美国宾夕法尼亚州立大学果树分子遗传学专家哲本特亚叶娃（Zhebentyayeva）在其论著中提到的中国杏栽培历史是一致的。哲本特亚叶娃认为，首先栽培杏的是中国，根据加多勒（De Candolle，1886）在其"栽培植物的起源"中引用的文献证实，中国开始杏树栽培的时间可追溯到公元前第三个千年的末期[4]，也就是在距今4 000多年前。

其他的一些早期文献也有许多杏的记载。公元前 685 年的《管子》记载有"五沃之土，其土宜杏"[5]。公元前 400 年—前 250 年的《山海经》记载有"灵山之下，其木多杏"[5]。公元前 369 年—前 286 年的《庄子》记载，"孔子游缁帏之林，坐杏坛之上，弟子读书，孔子弦歌鼓瑟"[6]。公元 284 年—364 年的《西京杂记》记载，"杏种类不一，有金杏，圆而黄，熟最早，味最胜，一名汉帝杏，谓武帝上林苑遗种也，大如梨，黄如橘，出济南"[6]。公元 533 年—544 年的《齐民要术》记载有"文杏实大而甜，核无文采"[5]。由此可知，我国先民很早就在一定程度上掌握了杏树的一些习性和栽培技术。其中，根据《西京杂记》描述的汉帝杏性状，与现今济南市历城区的主栽品种'红玉杏'近似，当地群众也有称'红玉杏'为金杏的[6]。这说明，济南市历城区栽培'红玉杏'至少有 1 670 年历史。

第二节　杏树生长结果习性

同其他果树一样，杏树有其自身的生长结果习性。了解这些习性，可以有针对性地采用栽培管理措施。因此，了解杏树的生长结果习性是非常必要的。

一、生长发育习性

在核果类中，杏树具有结果早、寿命长的特点，在定植后 2~3 年即开始结果，进入盛果期快，在管理措施得当的条件下，盛果期维持时期长[5]。

根系：杏树根系强大，能深入土壤深层。根据调查，山东冠县杏树的根深达 4~5 m，新疆杏树的根深达 10 m。众所周知，新疆是

第一章 杏树栽培历史和生长结果习性

干旱地区，杏树能够深深地扎根于土壤吸取水分可能是其耐干旱的原因。杏树在山岭地瘠薄的土壤中也能生长，但在土层深厚、土壤水分条件好时，根系生长发育好，树体长势好。

芽早熟性：杏树的芽具有早熟性。当年芽形成后，条件适宜即可萌发。通常在生长良好的情况下，一年内可发2~3次枝。可以利用这个特性加快树冠形成[5]。

萌芽力和成枝力：杏树的萌芽力和成枝力在核果类中是较弱的。在养分、水分不足时，芽的萌发力很弱，枝条基部的芽往往不能萌发而成为潜伏芽。潜伏芽的寿命长达20~30年，当条件适宜时，即可萌发成为更新枝。利用这个特性，修剪时可回缩大枝[5]。

休眠：在核果类中，杏芽的休眠期最短，也就是解除休眠状态较早，因而春季萌芽开花比桃、李等均早，易受晚霜危害[5]。据报道，植株生长旺盛可显著减低花芽遭受冻害的程度，反之生长弱则往往会出现冻芽现象，开花较早，霜害较严重。根据这一特性，要使杏树的生长保持健旺状态，以期积累大量贮藏物质，有利于枝芽良好越冬，为第二年春季生长发育奠定良好基础[5]。另外，冬季要在叶片落叶、养分回流树体之后进行修剪。

杏芽种类：杏芽有单芽、两芽并生和三芽并生。三芽时，中间是叶芽，两旁是花芽（图1-1。书中图见文前彩插），这种排列的复芽坐果率高而可靠[5]。杏树花芽先萌动和开花，叶芽后萌发。

花芽：苹果树和梨树的花芽是混合花芽，芽萌发后抽生枝条和开花。杏花芽为纯花芽，每芽一朵花[5]。由于枝条上并生芽很多，所以，每年开花很多。但生产上存在着开花多、结果少、产量低的问题，有"杏树十年九不收""满树花，半树果"之说。杏树的低产与杏树开花较早、易受冻害影响结果有关，与树龄、树势和营养状态有直接关系。2024年，我们在新泰市调查，杏树亩产量很高，探讨原因，可能与前一年大幅减产有关。种植者反映，2013年，低洼处杏树曾经发生严重冻害（图1-2），几乎绝产。

杏树枝条上花芽很多,这一特性决定了杏树是适合于机械修剪的树种,为杏树的修剪带来极大便利。苹果树和梨树修剪时,因为担心会剪去结果枝,需要识别花芽和叶芽。杏树修剪不需要考虑这个问题。

二、物候期

杏树萌芽开花和展叶较早,山东地区一般在3月中旬,东部地区晚些。成熟期依品种而不同。我们培育的极早熟杏品种在5月12日左右即成熟。晚熟杏在7月成熟,个别杏种质在8月成熟。杏树于11月落叶[5]。

三、生长环境条件

耐低温、耐高温:杏树能耐低温,冬季休眠期在-30℃或更低温度下也能够安全越冬;也能够耐较高的温度,在新疆,夏季平均温度36.3℃,最高43.9℃,杏树仍能正常生长,且果实含糖量很高[5]。

喜光:杏树为喜光树种,在光照充足的条件下生长结果良好,果实含糖量高,果实着色好,退化花少。因为修剪不当而使光照不充足的情况下,枝条易徒长,退化花多[5]。

耐干旱:杏树根系强大,深入土层,因而较耐干旱。但在枝条急速生长期和果实发育时期,土壤水分缺乏会影响树势、果实产量和质量[5]。

不耐涝:杏树不耐涝,如果地面积水较久,轻则引起早期落叶,重则引起烂根和全株死亡[5]。

耐盐力相对强:杏树的耐盐力较苹果树和桃树强,可以在较轻的盐碱地栽植杏树[5]。杏树对土壤和地势的适应性强,但为了保证产量和品质,要尽可能选择和创造排水良好的较肥沃土壤环境。

参考文献:

[1] 王本兴.甲骨文字典.3版.北京:北京工艺美术出版

社, 2017.

[2] 章秋平, 刘威生. 杏种质资源收集、评价与创新利用进展. 园艺学报, 2018, 45 (9): 1642-1660.

[3] 杜石然, 范楚玉, 陈美东, 等. 中国科学技术史稿. 修订版. 北京: 北京大学出版社, 2012.

[4] Zhebentyayeva T, Ledbetter C, Burgos L, et al. Chapter 12 Apricot//Badenes M L, Byrne D H, eds., Fruit Breeding, Handbook of Plant Breeding 8. New York: Springer Science + Business Media, LLC, 2012.

[5] 河北农业大学. 果树栽培学各论: 北方本. 北京: 农业出版社, 1980.

[6] 山东省果树研究所. 山东果树志. 济南: 山东科学技术出版社, 1996.

第二章 杏新品种及其他优良品种

第一节 优良早熟新品种

一、开园

极早熟品种，由山东省果树研究所选育[1-3]。2018 年，获山东省审定良种证书，2023 年，被山东省林草品种审定委员会遴选为山东省优先推荐林木良种。

品种特征特性：按照国家标准 GB/T 30362—2013《植物新品种特异性、一致性、稳定性测试指南　杏》调查，植株生长势强，树姿开张，成枝能力 35%，花芽主要在花束状结果枝和一年生枝上，一年生枝阳面红褐色；叶片长度 9.77 cm，宽度 6.38 cm，长度/宽度 1.53，叶色深，叶基钝圆形，叶片尖端夹角锐角，叶尖长，叶缘圆锯齿，叶缘起伏中，叶柄长度 4.38 cm，叶片长度/叶柄长度 2.23，叶柄蜜腺数 2~3 个；初花期中（2016 年 3 月 18 日），花瓣单瓣，花

径 3.49 cm，花瓣下部白色。平均单果重 57.4 g，果实卵圆形（图 2-1A），纵径 5.15 cm，侧径 4.53 cm，横径 4.41 cm，纵径/横径 1.17，侧径/横径 1.03，果实对称，缝合线深浅为中，梗洼深，果顶尖圆，有果顶尖，果面光滑，果皮有茸毛，光泽中；果实底色橙黄，果实着色面积小，着色类型红，着色浅，着色样式斑点；果肉颜色橙黄，质地细腻，纤维少，果实硬度软，果实重量/果核重量中，香气中，汁液多，可溶性固形物含量 13.0%，离核；果核卵圆形，核仁苦，鲜核仁重 0.57 g，核仁饱满程度 70%。果实成熟期很早。

主要特点：平均单果重 57.4 g，卵圆形，有果顶尖，果皮有茸毛；果实底色橙黄，果肉颜色橙黄，可溶性固形物含量 13.0%，离核，核仁苦。果实成熟期很早。

果实发育期约 53 天，泰安地区 5 月中旬成熟，较生产上的主栽品种对照'金太阳'提早 12~15 天，具有上市早、价格高的市场竞争优势，市场价格 10~20 元/kg。

'开园'在山东省中南部及相似气候条件地区栽植，有利于发挥其极早熟的特性。

产量：试验园株行距 1.0 m×3.0 m 的高密栽植丰产树亩产量达到 1 465.1 kg（15 亩等于 1 hm²，下同）。2017 年春季在肥城市定植的'开园'，第二年即开花，山东省自然资源厅组织专家验收，4 年生树亩产量达到 1 255.3 kg。需要说明的是，有时受低温、周边缺乏适宜的授粉品种、果园管理措施等因素影响，授粉不好，幼果脱落，产量降低。调查的生产园成龄树最低亩产量出现在 2024 年，亩产量为 716.5 kg。

二、春华

极早熟品种，由山东省果树研究所选育[3-4]。2018 年通过山东省林木品种委员会的审定，获得山东省审定良种证书。

品种特征特性：按照国家标准 GB/T 30362—2013 调查，植株生长势强，树姿开张，成枝能力 29%，花芽主要在花束状结果枝和一年生枝上；叶片长 9.21 cm，宽 6.65 cm，叶色中绿，叶基钝圆形，叶片尖端夹角锐角，叶缘圆锯齿，叶柄长 4.71 cm，叶柄蜜腺数 2~3 个；初花期 3 月中旬，花瓣单瓣，花径 3.51 cm，花瓣下部白色；果实平均单果重 59.6 g，对称，卵圆形（图 2-1B），纵径 5.57 cm，侧径 4.79 cm，横径 4.56 cm，缝合线浅，梗洼浅，果顶尖圆，有果顶尖，果皮有茸毛；果实底色黄，着色面积小，着红色斑点/片状。果肉黄色，质地细腻，纤维少，果实软，香气浓，汁液少，可溶性固形物含量 12.5%，半离核；果核卵圆形，核仁苦，鲜核仁重 0.66 g，核仁 80%饱满[4]。果实成熟期很早。

主要特点：果实平均单果重 59.6 g，卵圆形，有果顶尖，果皮有茸毛；果实底色黄，果肉黄色，香气浓，可溶性固形物含量 12.5%，半离核，核仁苦[4]。果实成熟期很早。

在山东省泰安试验基地一般年份在 5 月 15 日左右果实成熟，果实发育期约 55 天[4]。2016 年，通过大树高接和栽植半成苗进行区域试验，在山东泰安市泰山区、肥城市等多地表现比'金太阳'早熟 10~15 天[4]，具有上市早、价格高的市场竞争优势，市场价格 10~20 元/kg。

'春华'在山东省中南部及相似气候条件地区栽植，有利于发挥其极早熟的特性。

产量：2018 年专家现场测产，试验园 7 年生高接树在株行距 1.0 m×3.0 m 高密栽植模式下，亩产量达 1 567.5 kg[4]。在肥城市定植的生产园'春华'树，2020 年山东省自然资源厅组织专家验收，4 年生树亩产量为 950.1 kg。调查的生产园成龄树最低亩产量出现在 2024 年，亩产量为 727.4 kg。

品种比较：与'开园'相比，'春华'花期早，谢花早，萌芽早，展叶早，枝条生长量大。于 2018 年 4 月 27 日和 2019 年 4 月 30 日调查

结果表明,同期比较'春华'枝条明显比'开园'长(表2-1)。这一结果为生产上两个品种采取相应的技术措施提供了依据。例如,'春华'比'开园'的枝条生长势强,更适合瘠薄的山地栽植。

表2-1 新品种杏'春华'和'开园'的枝条生长量(单位:cm)

品种	2018年	2019年
春华	50	61.5
开园	36.7	40.8

三、立园

早熟品种,由山东省果树研究所选育[5]。2018年获得山东省审定良种证书,2023年被山东省林草品种审定委员会遴选为山东省优先推荐林木良种。

品种特征特性:按照国家标准GB/T 30362—2013调查,植株生长势强,树姿开张,成枝能力74%,花芽主要在花束状结果枝和一年生枝上;叶片长8.38 cm,宽6.02 cm,长度/宽度1.39。叶色绿,叶基钝圆形,叶片尖端夹角锐角,叶尖长度短,叶缘尖锯齿,叶缘起伏弱,叶柄长4.43 cm,叶柄蜜腺数2~3个;花瓣单瓣,花径3.69 cm,花瓣下部白色;果实平均单果重61.2 g,对称,椭圆形(图2-2A),纵径5.02 cm,侧径4.77 cm,横径4.60 cm。缝合线浅,梗洼中深,果顶圆凸或平,果皮有茸毛;果实底色黄,着色面积小,着红色斑点或片状;果肉橙黄色,质地细腻,纤维少,果实软,香气无,汁液多,可溶性固形物含量12.6%,离核;果核卵圆形,核仁苦,鲜核仁重0.73 g,40%饱满[5]。果实成熟期早。

主要特点:果实平均单果重61.2 g,椭圆形,果皮有茸毛;果实底色黄,果肉橙黄色,可溶性固形物含量12.6%,离核,核仁苦[5]。果实成熟期早。

在山东省果树研究所万吉山试验基地3月中旬初花,5月19—24日果实成熟,果实发育期约62天[5]。

'立园'适合山东省杏产区及相似气候条件地区栽培。

产量:试验园7年生高接树在株行距1.0 m×3.0 m高密栽植模式下,2018年专家测产亩产量1 658.5 kg,2018—2020年3年平均亩产量1 804.6 kg[5]。泰安市泰山区生产园3年生幼树,由于采用起垄栽培和滴灌技术,平均株产8.837 kg,折合亩产量980.9 kg。

第二节 可引种试验栽培的新品种

一、满园

早熟品种,由山东省果树研究所选育[6],2023年获得国家植物新品种权授权。

品种特征特性:按照国家标准GB/T 30362—2013调查,'满园'植株生长势强,树姿开张,成枝能力43.3%,花芽主要在花束状结果枝和一年生枝上,一年生枝阳面红紫红色;叶片长度10.26 cm,宽度9.04 cm,长度/宽度1.14,叶色深,叶基钝圆形,叶片尖端夹角中等钝角,叶尖长度中,叶缘尖锯齿,叶缘起伏中,叶柄长度4.71 cm,叶片长度/叶柄长度2.18,叶柄蜜腺数2~3个;初花期中,花瓣单瓣,花径3.51 cm,花瓣下部白色;果实大小94.3 g,圆形(图2-2B),纵径5.62 cm,侧径5.55 cm,横径5.44 cm,纵径/横径1.04,侧径/横径1.02,果实对称,缝合线浅,梗洼深,果顶凹,无果顶尖,果面光滑,果皮有茸毛,果皮光泽强;果实底色橙黄,着色面积很小,着色类型红,着色浅,着色样式斑点;果肉颜色橙黄,质地细腻,纤维少,果实硬度为2.08 kg/cm^2,香气弱,汁液多,可溶性固形物含量

12.8%，离核；果核卵圆形，鲜核重3.5 g，核仁苦，鲜核仁重0.84 g，核仁100%饱满[6]。果实成熟期早。

主要特点：果实平均单果重94.3 g，圆形，果皮有茸毛，果实底色橙黄，果肉颜色橙黄，可溶性固形物含量12.8%，离核，核仁苦。果实成熟期早。

在山东省果树研究所万吉山试验基地5月18—24日成熟，与目前生产上的近似品种'金太阳'相比，其果实成熟期早6~11天[6]。

果实具有发育成大果的潜力，一般亩产量较低时果实个大，最大单果重达183.5 g。

因为早熟，果实个大，果形好，产量较高，单价高，收益高，其价格一般高于'开园'和'春华'。因为果实个大，深受消费者喜爱。根据种植者介绍，有些消费者专要这种杏，2023年产地销售价格达14~24元/kg。

'满园'适合山东省杏产区及相似气候条件地区栽培。

产量：试验园亩栽200株的高接大树，8年生树亩产量1 361.0 kg，8~10年生树3年平均亩产量1 962.2 kg。生产园幼树，2020年专家现场测产验收，4年生树亩产量1 721.6 kg。种植者介绍，2021年亩产量约1 500 kg。需要说明的是，有时受低温、周边缺乏适宜的授粉品种、果园管理措施等因素影响，授粉不好，幼果脱落，产量降低。2022年调查，有一地块亩产量仅669.9 kg。

二、英华

早熟品种，由山东省果树研究所选育[7]，2018年获得国家植物新品种权授权。

品种特征特性：按照国家标准GB/T 30362—2013调查，植株生长势强，树姿开张，一年生枝阳面红褐色；叶片长度7.91 cm，宽度5.97 cm，叶色中等绿，叶基钝圆形，叶缘圆锯齿，叶柄长度3.04 cm，叶柄蜜腺数2个；初花期3月中旬，花瓣单瓣，花径

3.66 cm；果实大小 50.3 g，果实卵圆形（图 2-3A），果实纵径 4.80 cm，侧径 4.58 cm，横径 4.20 cm，果实不对称，缝合线浅，梗洼深，果顶凸起尖，果面光滑，果皮有茸毛，光泽中；果实底色黄，着色面积小，着色为片状红色；果肉颜色黄，质地细腻，纤维少，口味甜酸，香气无或弱，汁液多，可溶性固形物含量 11.8%，离核；核仁苦，鲜核仁重 1.15 g，核仁饱满[7]。果实成熟期早。

主要特点：果实平均单果重 50.3 g，卵圆形，果皮有茸毛，果实底色黄，果肉颜色黄，口味甜酸，可溶性固形物含量 11.8%，离核，核仁苦[7]。果实成熟期早。

在山东省果树研究所万吉山试验基地不同年份果实 5 月 22 日至 5 月 31 日成熟，果实发育期约 67 天，比'金太阳'早熟 3~4 天[7]。'英华'的突出特点是童期短和产量高，花期抗低温能力强，在不同年间产量稳定，果实口味类似'金太阳'，有点酸。实生母株在种子播种后第 3 年结果[7]，嫁接株早实性强，第 2 年结果。

'英华'适合山东省杏产区及相似气候条件地区栽培。需要注意的是，'英华'每年坐果都较多，要注意疏果。'英华'在简易塑料薄膜大棚栽培，果实光滑，成熟期略早[8]。是否适合冬暖式大棚栽植需要进一步探讨。

产量：株行距 1.0 m×3.0 m 的高密试验园，2018 年专家估产，7 年生树亩产量 2 295.7 kg。2019 年实收测产，8 年生树亩产量 2 411.8 kg[7]。多年观察结果表明，'英华'花期抗低温能力强，在不同年间产量稳定。

三、玉华

中早熟品种，由山东省果树研究所选育[9]，2018 年获得国家植物新品种权授权。

品种特征特性：按照国家标准 GB/T 30362—2013 调查，植株生长势强，树姿开张，成枝能力 50%，花芽主要在花束状结果枝和一

年生枝上，一年生枝阳面红褐色；叶片长9.26 cm，宽8.74 cm，长/宽1.06，叶色深，叶基心形，叶片尖端中等钝角，叶尖长度无或很短，叶缘尖锯齿，叶缘起伏中，叶柄长4.90 cm，叶片长/叶柄长1.89，叶柄蜜腺数2~3个；初花期3月中旬，花瓣单瓣，花径3.91 cm，花瓣下部白色；果实单果重73.4 g，果实卵圆形（图2-3B），纵径5.69 cm，侧径5.40 cm，横径4.52 cm，纵径/横径1.26，侧径/横径1.19，果实对称，缝合线浅长，梗洼浅，果顶尖圆，有果顶尖，果皮有茸毛；果实底色橙黄，阳面有红晕，着色面积小，着色类型红，着色样式斑点；果肉颜色橙黄，质地细腻，纤维少，果实软，香气弱，汁液多，可溶性固形物含量13.7%，离核；果核卵圆形，核仁苦，鲜核仁重0.94 g，核仁80%饱满[9]。成熟期中或早。

主要特点：果实平均单果重73.4 g，卵圆形，有果顶尖，果皮有茸毛；果实底色橙黄，果肉颜色橙黄，可溶性固形物含量13.7%，离核，核仁苦[9]。成熟期中或早。

在山东省果树研究所万吉山试验基地5月23日至6月2日果实成熟，果实发育期约70天[9]。'玉华'杏突出特点是叶片宽大，叶柄长，果实缝合线长度超过半果。

产量：试验园高接树，在株行距1.0 m×3.0 m高密栽植模式下，2019年实收测产，8年生高接树亩产量1 087.3 kg[9]；邀请专家现场测产验收，2020年9年生树亩产量1 756.2 kg，2022年11年生树亩产量813.6 kg。生产园幼树，2020年调查，4年生树平均株产12.32 kg，折合亩产量1 022.3 kg，能够早期丰产。

四、国华

中早熟品种，由山东省果树研究所选育[10]，2023年获得国家植物新品种权授权。

品种特征特性：按照国家标准GB/T 30362—2013调查，'国华'植株生长势强，树姿开张，成枝能力88%，花芽主要在花束状结果枝和一年生枝上,一年生枝阳面黄褐色;叶片长度 7.39 cm,宽度 6.82 cm,长度/宽度 1.08,叶色深绿,叶基平圆形,叶片尖端中等钝角,叶尖长度短,叶缘尖锯齿,叶缘起伏中,叶柄长度 3.01 cm,叶片长度/叶柄长度 2.46,叶柄蜜腺数 2~4 个;3 月中旬开花,花瓣单瓣,花径 3.84 cm,花瓣下部白色;果实大小 50.2 g,果实椭圆形(图 2-4A),纵径 4.70 cm,侧径 4.49 cm,横径 4.31 cm,纵径/横径 1.10,侧径/横径 1.05,果实对称,缝合线浅,梗洼中深,果顶平,有果顶尖小,果皮有茸毛;果实底色橙黄,着色面积无;果肉颜色橙黄,质地细腻,纤维少,果实硬度软,香气无,汁液多,可溶性固形物含量 12.6%,离核;果核椭圆形,核仁甜,鲜核仁重 0.80 g,核仁饱满程度 80%,成熟期中或早[10]。

主要特点:平均单果重 50.2 g,椭圆形,果实底色橙黄,果肉颜色橙黄,可溶性固形物含量 12.6%,离核,核仁甜,核仁 0.80 g,核仁饱满程度 80%,成熟期中或早[10]。

在山东省果树研究所万吉山试验基地,'国华'5 月 25 日前后果实成熟,果实发育期 70 天左右,属中早熟品种。突出特点是果实椭圆形,果皮厚,产量较高。

'国华'适合山东省杏产区及相似气候条件地区栽培。'国华'坐果率一般年份较高,注意疏果。

产量:2017 年将高密度栽植的试验园 6 年生树改接'国华',2020 年专家现场测产,亩产量 1 458.9 kg[10]。

大棚栽培试验:初步试验结果表明,'国华'适合简易大棚栽培。在简易大棚栽培,与露地栽培的杏相比,果实成熟略早,其果个较大、果皮鲜亮等特点突出,2017 年改接树,2019 年、2020 年和 2021 年亩产量分别为 476.3 kg、1 126.0 kg 和 2 128.1 kg[10]。目前,生产上大棚栽培的杏品种主要是'金太阳'和'凯特',一些露地栽培的杏品种如'珍珠油杏'在大棚中栽培表现出坐果率过低等问题,'国华'为大棚杏栽培提供了新的品种选择。下一步可进行

'国华'的冬暖式大棚栽培试验[10]。注意,塑料薄膜简易大棚在花期一定要注意通过打开、关闭通气天窗和通气侧窗控制好温度,最高不能高于25 ℃,遇到低温时采取生火升温等措施提高温度。

五、美华

晚熟品种,由山东省果树研究所选育[11],2017年获得国家植物新品种权授权。

品种特征特性:按照国家标准GB/T 30362—2013调查,植株生长势强,树姿直立,成枝能力60%,花芽主要在花束状结果枝和一年生枝上,一年生枝阳面褐色;叶片长度10.57 cm,宽度8.16 cm,长度/宽度1.87,叶色深,叶基钝圆形,叶片尖端夹角锐角,叶尖长度短,叶缘尖锯齿,叶缘起伏中,叶柄长度3.66 cm,叶片长度/叶柄长度2.89,叶柄蜜腺数无或1个;初花期中(2016年3月17日),花瓣单瓣,花径3.2~3.8 cm,花瓣下部颜色浅粉红;果实大小65.6 g,果实椭圆形(图2-4B),果实纵径5.18 cm,侧径4.82 cm,横径4.66 cm,纵径/横径1.11,侧径/横径1.03,果实较对称,缝合线浅,梗洼中深,果顶平,果顶尖无,果面光滑,果皮有茸毛,光泽弱,果实底色淡黄,果实着色面积无或很少,着色浅,着色样式片状,果肉颜色黄,果肉质地中,纤维中,果实硬度软,香气无或弱,汁液中多,可溶性固形物含量16.1%,离核;果核形状卵圆,核仁苦味无或弱,鲜核仁重0.88 g,核仁饱满[11]。果实成熟期晚。

主要特点:果实平均单果重65.6 g,椭圆形,果面光滑,果皮有茸毛,果实底色淡黄,果肉颜色黄,可溶性固形物含量16.1%,离核;核仁苦味无或弱,核仁大小0.88 g,核仁饱满[11]。果实成熟期晚。

'美华'在泰安6月12日左右果实成熟,果实发育期85天,属晚熟品种[11]。与近似品种'凯特'比较,'美华'树姿直立,果实果面光滑，核仁苦味无或弱，果实成熟期晚。

'美华'是很好的授粉品种，'美华'作'珍珠油杏'、'开园'和'春华'的授粉品种，坐果率均可提高10个百分点以上。'美华'可与'开园''春华''珍珠油杏'混合栽植，作为这些品种的授粉树。

'美华'适合山东省杏产区及相似气候条件地区栽培。

产量：'美华'易成花，栽植后第2年开始开花结果。试验园高接树，在株行距1.0 m×3.0 m高密栽植模式下，2018年、2019年、2020年和2021年成龄树亩产量分别为2 520.0 kg、2 168.0 kg、2 550.0 kg和2 583.6 kg[11]。泰山区生产园3年生树亩产量637.1 kg，4~6年生树平均亩产量1 669.5 kg。肥城市生产园3年生树亩产量410.9 kg，4~6年生树平均亩产量2 008.5 kg。需要注意的是花果管理，'美华'坐果率高，每年需要疏果，否则果实小。另外，'美华'果实成熟期晚，发育时间长，干旱时要及时浇水灌溉，但成熟前15天不要浇水，防止裂果。

加工制品：与一般杏品种相比，'美华'因为产量高、价格低、果实淡黄色，可溶性固形物含量高，适合制干（图2-5A）。尽管制干比不太理想，但是杏干肉厚，口感好，因为亩产量高，每亩地制干产量高。可采用短时间蒸汽处理后60 ℃烘干或短时间蒸汽处理后自然晒干的方法进行制干，前者比后者可显著缩短制干时间[11-12]。'美华'杏制干后还可获得副产品杏核和杏仁，进一步拉长产业链、增加效益[11-12]。另外，杏也能以冷冻杏瓣（图2-5B）的形式贮存、制取杏汁（图2-5C）。

第三节 建采摘园搭配栽植的其他优良品种

一、金太阳

山东省果树研究所选育品种[13-14]。果实近圆球形（图 2-6A），平均单果重 66.9 g，最大果重 87.5 g；果顶平，缝合线浅平，两半部对称，果面光洁，底色金黄色，阳面着红晕。果肉黄色，可食率约为 95%，离核。肉质细嫩，纤维少，汁液较多，品质上等。果实可溶性固形物含量 9.54%~14.7%，总糖 13.1%，总酸 1.1%，风味酸甜。抗裂果。较耐贮运，常温下可放 5~7 天，在 0~5 ℃条件下，可贮藏 20 天以上。盛花期为 3 月 20 日前后，花期持续 6~7 天。果实 5 月中旬开始变色，5 月下旬成熟[13-14]。

二、凯特

山东省果树研究所选育品种[15]。果实近圆形（图 2-6B），特大型，平均单果重 105.5 g，最大单果重 130 g。果顶平，缝合线明显、中深，两半部不对称；梗洼中深，果柄短；果皮橙黄色，果皮中厚，不易剥离；完全成熟时果肉橙黄色，肉质细嫩，汁液丰富，风味酸甜爽口，口感醇正，芳香味浓，品质上等；可溶性固形物 12.7%，总糖 10.9%，酸 0.94%；果核小，离核。3 月底 4 月初为盛花期，花期持续 4~6 天。6 月 10—15 日果实成熟，果实生育期 70 天左右[15]。

三、珍珠油杏

山东省新泰市选育品种[16]。果实椭圆形（图 2-7A），果形端正、整齐，平均单果重 26.3 g，最大单果重 38 g，果顶稍平，缝合线明显，果形对称；成熟后橙黄色，表面光滑有光泽，味浓甜，有香气，品质上乘，耐贮运；可溶性固形物含量 24%，离核、甜仁、饱满、香甜，是鲜食兼加工的优良品种[16]。

在泰安 6 月中旬成熟，市场价格 12~14 元/kg。突出特点：品质好，表面光滑有光泽，味浓甜，甜仁，价格高，缺点是产量不稳定。

四、济丽红

山东省济南市选育品种[17]。果实椭圆形（图 2-7B），顶部微尖。平均单果重 85 g，最大单果重 132 g，缝合线中深、明显，梗洼中深，果面光滑，浓红，底色黄，色泽亮丽，果个整齐，果肉橙黄，果汁中多，果肉有香气、味香甜等。可溶性固形物 14.6%，可滴定酸 1.43%；品质中上。加工：果肉硬度大，果汁适中，是制作果脯优质原料。离核，种核较小，可食率 90.95%。甜仁。种仁饱满，味香甜，出仁率 28.5%，种子双仁居多。是杏仁露、杏仁罐头优良的加工原料。初花期 3 月中下旬，花期 4~6 天，果实成熟 6 月底至 7 月初，果实生育期 85 天[17]。

参考文献：

[1] 苑克俊，牛庆霖，王培久. 特早熟杏'开园'的培育和栽培管理技术. 烟台果树，2017（3）：18-19.

[2] 苑克俊，王培久，葛福荣，等. 极早熟杏品种开园和春华的价格分析. 落叶果树，2019，51（6）：56–58.

[3] 苑克俊，石一川，牛庆霖，等. 逆境下 9 个极早熟、早熟杏品种性状的调查与分析. 落叶果树，2023，55（2）：14-16.

[4] 苑克俊，王培久，李圣龙，等. 极早熟杏新品种'春华'. 园艺学报，2019，46（S2）：2745-2746.

[5] 葛福荣, 苑克俊, 牛庆霖, 等. 早熟杏新品种'立园'. 园艺学报, 2020, 47 (S2): 2887-2888.

[6] 苑克俊, 牛庆霖. 杏新品种选育. 北京: 中国农业科学技术出版社, 2024.

[7] 苑克俊, 牛庆霖, 秦志华, 等. 早熟杏新品种'英华'. 园艺学报, 2022, 49 (S2): 27-28.

[8] 苑克俊, 牛庆霖, 王培久, 等. 塑料薄膜大棚和露地栽培杏的比较研究. 天津农林科技, 2018 (1): 2743-2744.

[9] 苑克俊, 王培久, 牛庆霖, 等. 中早熟杏新品种'玉华'. 园艺学报, 2019, 46 (S2): 2743-2744.

[10] 苑克俊, 牛庆霖, 秦志华, 等. 中早熟杏新品种'国华'及其塑膜大棚栽培试验. 山东林业科技, 2022 (4): 3-6.

[11] 苑克俊, 牛庆霖, 秦志华, 等. 杏晚熟鲜食制干兼用新品种美华的选育. 中国果树, 2022 (9): 60-62.

[12] 苑克俊, 牛庆霖, 秦志华, 等. 杏新品种'美华'制干研究. 山东林业科技, 2023 (1): 63-64.

[13] 王家喜, 杨式忠, 孙山, 等. 特早熟欧洲甜杏新品种金太阳引种研究报告. 落叶果树, 1999 (3): 23.

[14] 孙山, 王少敏, 高华君, 等. 早熟杏新品种'金太阳'. 园艺学报, 2003, 30 (5): 633.

[15] 王金政, 李林光, 邹显昌. 优质丰产大果良种——凯特杏. 落叶果树, 1994 (4): 22.

[16] 李学强, 陈丕玲, 郭峰, 等. 新泰珍珠油杏及其优质丰产技术. 山东林业科技, 2005 (5): 53.

[17] 臧海云, 曲延平, 孔繁涛, 等. 鲜食、加工、仁用杏优良新品种: 济丽红. 中国果菜, 2003 (6): 36.

第三章 杏树生产管理技术

第一节 育苗

一、种子处理方法

传统方法：杏树果实成熟后，一般是对采收的种子晾干保存，待冬季进行低温层积处理[1]。具体方法是：每年12月之前，将种子放在手握成团、但不滴水的湿沙中，搅拌均匀，然后放在4 ℃低温条件下，进行低温层积处理；或者将湿沙与种子放在一个盆中，搅拌均匀，然后在房屋后的背阴处将盆埋入土中，利用自然低温层积处理。低温层积处理后，在第2年春天进行播种育苗。

赤霉素处理种子当年播种育苗方法：有研究发现，采用赤霉素处理播种育苗方法，在杏果实采收当年即可获得植株，极早熟杏'红荷包'种子用赤霉素GA_3处理后直接播种育苗，出苗率和成苗率皆达到45%以上[2-3]。进一步研究表明，赤霉素处理后种子发芽整

齐,种苗出土较一致,但是,种苗抗病力差,当年生长期末苗高只有30 cm左右,到第二年生长期末植株高度也只有鲜种沙藏翌年播种方法处理种苗的30%[4-5]。这说明,用赤霉素处理方法当年可获得植株,但当年生植株矮,要想在杏果实采收当年获得生长健壮、植株高的种苗,需要采取新的技术措施[6]。采用赤霉素处理种子、在育苗基质中播种育苗、种苗带基质移栽于大田、用窗纱网棚围盖防止鸟类为害、及时灌溉等措施在大田栽培杏[1],取得良好效果,种苗生长健壮。

赤霉素处理种子当年播种育苗方法的具体步骤:采收杏果实后,将果肉去掉,敲除外壳,剥去内种皮并注意保持种仁完整,取出白色种仁(图3-1A),用100 mg/L 的 GA_3 处理 10 min,然后立即在容器内的育苗基质中播种(图3-1B)[6]。

赤霉素处理种子当年播种育苗方法的改进:进一步研究表明,种子仅剥去部分内种皮(图3-1C),用 100 mg/L 的 GA_3 处理 10 min,在育苗基质中播种育苗,同样可以取得良好效果[7]。

二、苗木嫁接方法

嫁接的基本原理是接穗和砧木利用其各自的形成层愈合成为一体,所以,两者的形成层接触到是很重要的。首先,嫁接时一定注意形成层部位的对齐或者接触;其次,两个削面贴合嫁接时一定要注意削面光滑,接穗和砧木的削面贴合好;最后,要注意用绑膜绑扎好,防止雨水进入嫁接部位。下面介绍几种常用的嫁接方法。

1. 双舌接

嫁接时期:双舌接是春季嫁接时常用的方法,可在春季萌芽前后进行嫁接。即使砧木植株已萌芽,一般情况下,只要接穗没有萌芽就可嫁接。因此,要注意将接穗冷藏保存,防止其发芽。

接穗准备:在春季进行果树苗木嫁接、大树改接品种时都需要用到封蜡的接穗。过去进行接穗封蜡时，一般采用烧树枝生火加热、在铁锅里融化蜡、然后对接穗进行封蜡的方法。近年来，我们发现用三开关电热锅融化蜡、然后对接穗封蜡的方法更为简便。

利用电热锅进行果树接穗封蜡的方法如下：（1）购买三开关电热锅，规格3×800 W，每个开关控制800 W（图3-2A）。（2）采集接穗，将接穗剪截成需要的长度。（3）将成块的蜂蜡放入锅内，打开电热锅3个开关，将蜂蜡快速融化；然后关掉两个电热锅开关，另外一个开关根据蜡液情况关闭或打开。（4）戴上半胶面手套，拿取剪好的接穗，将其一端对齐后快速放入融化的蜡液中，然后快速取出，散放晾干；再将接穗另外一端对齐，快速放入融化的蜡液中，然后快速取出，散放晾干，收集备用（图3-2B）。需要注意的是，要保证接穗在封蜡后其表面都有蜡液覆盖。

与传统方法相比，该方法的优点是容易控制蜡液的融化。打开3个电热锅开关后蜂蜡能快速融化，然后通过保持一个开关打开或者关闭，可调节蜡液温度，使蜡液保持在融化状态，便于进行接穗的封蜡操作。

嫁接步骤：即使砧木植株已萌芽，只要接穗没有萌芽，这时仍然可以嫁接。首先，将砧木在近地面处剪去上部（图3-2C），选择与砧木粗细相同的接穗，砧木和接穗各削一个约3 cm长的斜面；然后，在砧木和接穗斜面距离顶端1/3处纵向切开形成切口，则砧木斜面的2/3部分形成舌形削面，接穗斜面的2/3部分也形成舌形削面，对好砧木和接穗的形成层，把砧木和接穗的舌形削面相向插入对方斜面切口，使两个斜面贴合接触好，用绑膜绑好即完成嫁接。注意事项：接穗与砧木粗细不同时，粗度小的接穗要靠向一侧使砧木和接穗的形成层对齐（图3-2C）。

2. 插皮接

插皮接适合在树皮能离层的时期进行，特别适合砧木较粗而接穗较细的情况下采用，春季在大树高接改造时常用。

第三章 杏树生产管理技术

一般情况下只要接穗没有萌芽就可嫁接。因此，要注意将接穗冷藏保存，防止其发芽。对于珍贵且量少的接穗，即使已经发芽，采用作者团队研发的实用新型专利"一个果树嫁接技术方案中的特征结构"中的嫁接方法，注意采取接穗保湿措施，也可进行嫁接。

嫁接时，先将接穗削一个斜削面，然后将这个部位的另一面树皮削去薄薄的一层，露出绿色层，然后剥开砧木的树皮，将接穗斜削面朝内、绿色层朝外插入砧木的树皮内（图3-3A），用绑膜绑好嫁接部位，完成嫁接，一般第二年就会开花和结果（图3-3B、图3-3C）。

另一种常用的嫁接方法是将接穗相对的两面都削成斜削面，插入砧木的树皮内，用绑膜绑好嫁接部位。

3. 丁字形芽接

嫁接时期：丁字形芽接适合在树皮能离层的生长期进行，是目前生产上常用的方法。

接穗准备：如图3-4A，选择生长发育良好的枝条作接穗，剪去叶片，但要注意保留叶柄。因为生长季节温度高，接穗易失水，要注意采取保水措施，例如，可将报纸浸湿后包裹在捆好的接穗枝条外面，外层再用薄膜袋包裹，注意薄膜袋不要密封，要留有透气口。

嫁接步骤：嫁接时先在接穗接芽上部用嫁接刀横刻皮层，然后自接芽下部斜削接芽部位至横刻处；在砧木的合适位置光滑处横刻，在横刻缝中间位置向下纵向划刻，剥开两边的皮层，然后迅速剥取接穗的接芽插入，用绑扎膜绑好（图3-4B），完成嫁接。

一般在每年的7月之前芽接的，嫁接7~10天后，在嫁接部位上部1cm处剪去砧木枝条，接芽很快就会萌发形成枝条（图3-4C）。在每年的8—9月嫁接的，当年不在嫁接部位上部进行剪截，接芽当年不萌发，形成半成品，可于第二年萌芽前在嫁接部位上部1cm处剪去砧木枝条。丁字形芽接可以用于嫁接苗木，也可以用于改接品种。

4. 长削面贴合接

嫁接时期：长削面贴合接适合在每年5—9月的生长期进行，是目前生产上常用的嫁接方法。与丁字形芽接相比，本方法的优点是皮层不离层时也能进行嫁接。

接穗准备：同丁字形芽接。

嫁接步骤：在接穗上削一个长度几厘米的削面，在砧木上削一个与接穗削面长度、宽度相等的削面，然后将接穗和砧木的两个削面贴合在一起，注意形成层对好，用绑扎膜绑好即完成嫁接。

第二节　新品种建园

一、建园选地

防止低温伤害：重点是防止早春寒流侵袭和花期霜冻。因此，在山岭地栽植杏树，要选择背风向阳（或半阳坡）的斜坡上部或山顶，要避免在盆地、山沟低洼地块建立杏园。在新泰市出现过山沟处杏树产量受到显著影响的情况。在邹城市千亩杏园也出现过山岭地上部杏树产量受影响小，山岭地下部杏树产量受到显著影响的情况。

对于早熟和极早熟的杏树，不要选择四周是大山的地势低洼地块栽植，在这样的地块栽植不能发挥其果实早熟和极早熟的优势，最好选择山岭地背风向阳的上部地块栽植。

防止涝害：杏树不耐涝，建园时要做好排水防涝害设计，不要在排水不好的地块栽植。因为没有做好排水防涝，可能引起即将进入盛果期的杏树死亡，这在生产上有实例。例如，山东郓城县玉皇庙镇一个村的杏树，2021年绝大多数因为涝害死亡（图3-5A）。

第三章 杏树生产管理技术

避开城市扩建区：在城市周边发展杏树时，要避开城市扩建区。作者研究团队在泰安市城西大陡村、城东叶家庄以及济宁市李营镇的杏新品种试验，都因为城市建设而被迫停止。最初在泰安万吉山基地环山路以南的育种亲本树，也因为城市建设而损失。

避免在重茬地和黏土地建园：注意不要在栽植过杏树的老果园重茬新建杏园。还要注意的是，由于杏树对土壤透气性要求高，不要在过于黏重的土地建杏园。

避免在老龄园林景观树附近建园：要避免在有园林景观树特别是一些老的景观树附近地块栽植杏树。这些园林景观树带有的病虫害有些是很难防治的。例如，山东省果树研究所万吉山试验基地的杏树，前几年受到邻近路边景观树小蠹虫的侵袭，由于小蠹虫存在于难以吸收农药的树体已死亡组织，施药难以防治，造成一些杏树死亡（图3-5B、图3-5C）。

对于建立示范园来说，最好选择传统的杏树产区或者邻近的地方。在传统的杏树产区或者邻近的地方建示范园，种植者一般有杏树种植方面的经验和技术，示范园管理一般较好，有助于起到示范和带动作用。

二、品种配置

1. 发展早熟品种时的品种配置

'开园'和'春华'两个极早熟品种，较生产主栽品种'金太阳'提早10~15天成熟、填补市场供应空窗期约1周，是非常适合发展的特色水果。建议'开园'和'春华'在城市周边发展，就近供应市场；在远离城市的乡镇，则建议一个乡镇在一个村发展，就近供应市场。建议发展极早熟品种'开园''春华'，是由于这两个杏品种能够填补市场空窗期，增加供应当地市场的杏品种。由于'开园''春华'果实的果顶尖处先熟，适合就近供应市场。

发展'开园'和'春华'遇到的一个问题是，这两个品种的自花/自然授粉坐果率低（表3-1），因此需要配置授粉品种。为了给新品种'开园'和'春华'配置授粉品种提供依据，2018年采集'英华'和'美华'花粉对'开园'进行授粉试验，2019年采集'金太阳''美华'和'立园'花粉对'春华'进行授粉试验。试验结果表明，'美华'和'英华'的花粉量大，自然授粉坐果率分别达到40.4%和36.3%，具有作为授粉品种的前提条件；'开园'和'春华'的自然和自花授粉坐果率较低，坐果率仅15%左右，需要配置授粉树（表3-1）。

表3-1 不同品种授粉时'开园'和'春华'杏的的坐果率

品种	授粉品种	处理花朵数/朵	坐果率/%
开园	自然授粉	517	14.0
	美华	864	28.4
	英华	431	15.8
春华	春华	517	16.2
	立园	695	31.5
	美华	864	39.6
	金太阳	431	25.8

'美华'可作为'开园'的授粉品种，它给'开园'授粉的坐果率达到28.4%，较自然授粉对照提高14.4%。肥城生产示范园的调查结果证实了这个结论。在肥城生产示范园，紧邻'美华'那行树的'开园'树比其他行'开园'树的坐果率明显高。'英华'不能作为'开园'的授粉品种，它给'开园'授粉对坐果率影响不大。

'美华''立园'和'金太阳'可作为'春华'的授粉品种，它们给'春华'授粉后坐果率分别达到39.6%、31.5%和25.8%，较自花授粉对照分别提高23.4%、15.3%和8.1%。

发展'开园'和'春华'遇到的第二个问题是，'开园'产量

受不同年间的环境影响较大,产量在不同年间不稳定。鉴于山东省果树研究所万吉山试验基地高密栽植园'春华'树产量较高并且在不同年间相对较稳定(表3-2),因此,以'春华'作为主要发展品种较好。考虑到'开园'成熟最早并且消费者普遍反映其口感好,利用'开园'成熟期最早的特性可进行先期宣传和开拓市场,'开园'可适量发展。

表3-2 新品种杏'春华'和'立园'的亩产量比较[8]

品种	年份	亩产量(kg)	备注
春华	2018	1 567.5	文献[9]
春华	2022	1 434.5	
春华	2019	1 660.7	
立园	2022	1 594.7	
立园	2018	1 658.5	
立园	2018—2020	1 804.6	文献[10]

另外,早熟品种'立园'能够给'春华'授粉、产量较高(表3-2)、接续'春华'供应市场,也可作为主要早熟品种发展。而且,鉴于'开园''春华'果实的果顶尖处先熟,栽植面积较大时,建议将果实椭圆形的'立园'作为主要早熟品种,以比'春华'更大的比例发展。

综合考虑授粉、产量和接续供应市场以及'英华'花期抗低温能力较强,并注意到山东省果树研究所万吉山试验基地'春华'产量较高的试验树邻近行主要是中早熟品种'玉华',建议以发展'春华'和'立园'为主,搭配'开园''玉华''美华'以及一定占比的'英华'编组栽植。

按照上述编组发展的优势是,主栽品种'春华''立园'以及'开园''玉华'果实发育期处于气候宜人的季节,不仅工作环境相对舒适,而且果园管理工作期短;'春华'和'开园'在大棚栽培杏之后成熟，市场上少见其他杏与之竞争，价格相对较高。2019年，委托泰安市几家商店进行销售试验，'开园'和'春华'有6天左右的较高价格销售期，价格在10~16元/kg，明显高于在此之后市场上出现的其他早熟品种大田栽培杏的价格6.6~10元/kg[11]。2018年调查，济宁市李营镇种植者的'开园'杏销售价格达到18元/kg。

典型案例：'开园'和'春华'2017年引种到肥城后，第二年开始开花和少量结果；第三年'开园'和'春华'产量还较低，但作为授粉品种的'美华'有几百元的亩收入；第四年'开园'和'春华'获得较高产量和收益。2020年，山东省自然资源厅科技与国际合作处组织专家进行现场验收，'开园'4年生树亩产量1 200 kg以上，'春华'4年生树亩产量950 kg以上，当年两个品种的试销价格4~10元/kg，亩收入均达到6 000元以上，2021—2023年，销售价格提高到基本上稳定的12~14元/kg，收入进一步提高，形成了生产示范果园，为农民增收致富和乡村振兴提供了示范样板。这说明，这两个品种可助力农民增收，同时，也可拓宽鲜杏供应期，丰富当地的果品供应。

'开园'和'春华'作为极早熟品种，需要注意的问题是，不要在四面是大山的地块栽植，这样的地块通常气候冷凉，物候期晚；在这样的地块栽植'开园'和'春华'并不能体现出其果实成熟早、上市价格高的优势。'开园'和'春华'最好在背风向阳的山坡地或者山岭地上部栽植。

2. 建立采摘园时的品种配置栽培试验

随着我国经济的发展和人民生活水平的提高，人们对水果的需求日趋多样化。就成熟期来说，将山东省果树研究所培育的极早熟品种'开园'和'春华'、早熟品种'满园''英华'和'立园'、中早熟品种'国华'和'玉华'、晚熟品种'美华'以及生产上的其他优良晚熟品种'金太阳''凯特''珍珠油杏''济丽红''香蜜杏'等搭配编组栽植，可建立成熟期间隔合理的杏采摘

园。这样栽植，由于同一个果园内品种多，品种间相互授粉效果好，同一个果园在较长的一段时间内可实现鲜杏的不间断供应，既可以满足人们对水果的多样化需求，也能在花期遇到低温逆境的特别年份，依靠抗逆性相对强的品种如'立园''英华'等获得一定的收益，不致因'开园''珍珠油杏'等易受环境影响的杏品种减产，使经济损失过大。

与济南市长清区杏种植者朱培军的对话很好地展示了'春华''立园'和'国华'的成熟期间隔（图3-6）。

在品种编组中加入'开园'和'满园'，是考虑到消费者普遍反映'开园'口感品质好、在早熟品种中'满园'果实个大优势明显，建立观光采摘园时适量栽植这两个品种，可利用'开园'成熟期最早的特性进行先期宣传和开拓市场，利用'满园'的果实个大吸引消费者[8]。这样同时发展多个品种，可以填补一段鲜杏供应市场空窗期，正常年份能获得较高收益。

一个实例是肥城市一个乡村杏园包含'开园''春华''满园''玉华'和'美华'等多个品种，近年获得了较高收入。价格调查情况：2021年，大部分杏果实销售价格为14元/kg，少量为12元/kg[8]；2023年，'满园'和'玉华'因为果实个大，价格为14~24元/kg；2024年为'开园'和'春华'价格为16元/kg左右。作为授粉品种的'美华'，虽然因为成熟晚而价格仅为4元/kg，但其亩产量高，收入仍然不低。

3. 建立杏加工品原料基地时的品种配置

作为杏加工品种，要求其产量高、可溶性固形物含量高、价格低，适合用于加工。新品种'美华'完全符合这些要求，首先，其产量高，在山东省果树研究所万吉山基地，行株距3 m×1 m的高密栽植园，成龄树亩产情况：2018年、2019年、2020年和2021年平均亩产量分别为2 520.0 kg、2 168.0 kg、2 550.0 kg和2 583.6 kg。其次，其可溶性固形物含量高，2014年、2015年和2016年其可溶

性固形物含量分别为 15.5%、17.3% 和 15.8%。再次，其价格低，2020 年以来，肥城市生产园的'美华'杏价格基本上为 4 元/kg。最后，已通过试验证明'美华'适合制干。因此，建立杏加工品原料基地时，可以'美华'杏作为主要品种。

当需要较长时间的原料供应时，露地大田栽培产量高、成熟期有一定时间间隔的'春华''立园''国华'等新品种也可以适量发展。

三、栽植方式

露地栽培可采用宽行密株，株行距（1.0~2.5）m×（4.0~5.0）m。例如，2 m×4.5 m 栽植每亩 74 株、2 m×4 m 栽植每亩 83 株，肥沃的平原地栽植时可适当加大株行距，例如，2 m×5 m 栽植每亩 66 株。从省力化栽培着想，适应果园管理机械化发展的趋势，为便于操作和实行机械化作业，应该采用加大行距的宽行密株栽植模式，如采用 2 m×5 m 栽植每亩 66 株、1.5 m×5 m 栽植每亩 89 株。密植栽植有助于提高早期产量和收益，宽行密株栽植早期还可以在行间适量栽植花生等间作作物，提高早期收益，但注意一定要做好排水，避免造成涝害。

因杏树不耐涝，最好起垄栽植，结合采用滴灌（图 3-7），垄宽 1.0~1.5 m，垄高 0.2~0.3 m；不采用滴灌时，可采用覆盖园艺地布如地毯保湿，高垄畦田栽植（图 3-8A），垄宽 0.8~1.2 m，垄高 0.25~0.35 m，顺行的垄两侧略高，行内植株附近比垄两侧低 3~6 cm，顺行的长垄两端与两侧同高。这样遇到小雨时可收集雨水利用，也可以浇水灌溉，遇到大雨时雨水可排到行间，由行间排走大雨雨水，避免涝害。另外，建园时要特别注意挖排水沟（图 3-8A）。当然，对于只栽一行树的梯田来说，排水容易，不会造成涝害，不需要起垄栽培（图 3-8B）。

栽植时要注意配置授粉树，例如'美华'和'立园'可作为

'开园'的授粉树。主栽品种和授粉树要间隔栽植,最好是每隔两行主栽品种栽植一行授粉树,并在行内间隔栽植2~3种授粉树,这样可保证每株主栽品种树与两种授粉树近邻,提高授粉效果。

栽植不同成熟期的品种建立采摘果园,不同品种之间可以相互授粉,提高坐果率。

四、苗木定植

苗木要在冬季落叶之后、第二年春季发芽之前起苗和栽植。苗木定植可采用成苗和半成苗,半成苗定植时注意树立一个支杆绑缚。春季半成苗定植植株,一般第二年也能结果。

单株定植技术具体包括挖穴、深度、生土与熟土、施底肥、回填顺序、树苗埋深、压实、浇水、表层覆土等方面。挖穴时,深度为60~80 cm,挖出的土有上层的熟土和下层的生土,要分开放置,挖好穴后,下面施入腐熟的牛粪等底肥,然后先回填熟土,并将熟土与底肥搅拌混匀,再回填生土,起垄,栽植苗木,填土压实,浇水,进行表层覆土,注意树苗栽植深度以根茎刚好露出地面为宜。

新建杏园最好是用挖掘机将全园土地深翻(图3-9),熟土翻入下层,生土放在上层,同时,用挖掘机挖好排水沟,起垄栽植时用挖掘机在行内挖好沟、在整条沟内施好底肥,然后起垄,在垄上进行苗木栽植,栽植深度也是以根茎刚好露出地面为宜。这里强调一下顺序,一定要先起垄,后在垄上栽树。一定不要先栽树,再起垄,栽树后再起垄有很大可能造成杏树根茎被埋入土中。

在没有新品种苗木的情况下,也可以先购买实生杏苗定植,然后,再采购新品种接穗,自己进行嫁接建园。

五、大树改接新品种

在已有树上改接新品种,可加快建立新品种园。改接可在春季树皮离层时进行,改接时将树体的几大主枝在靠近主枝基部处截去,

然后，以插皮接或者劈接方式接上品种接穗，用绑扎薄膜包扎好嫁接口（图3-3A）。改接上的接穗，因为有下部的大树树体供应养分，生长很快，夏季风大时易折断。因此，要在树上绑好一些树枝杆，将每个接穗发出的树枝绑缚在树枝杆上，防止大风将嫁接上的树枝折断。试验结果表明，大树改接新品种，树体生长快，很快就开花结果（图3-3B、图3-3C），在嫁接后第3年可达到成龄丰产树的产量。

在已有树上改接新品种，也可以在夏季采用芽接方法（图3-4）。大树改接品种很快就会结果，例如，2023年7月20日在济南市长清区大树上改接的杏品种，2024年结果2个。

第三节　杏幼树管理

缓苗期管理：对于幼树，首先要促进生长，以尽快形成树形和产量为目的。刚栽植的幼树，根系还没有与土壤接触好，要注意做好缓苗期的管理，注意浇水灌溉，还要采取措施防止野兔为害幼树。2022年，在济南市莱芜区建立的一个2亩新品种杏园，几乎所有树的树皮都遭到野兔啃食。

定干：发芽前，在60~80 cm高处剪截定干，山岭梯田定干低些，平原地定干高些。定干后的生长发育期要注意及时浇水，防止干旱，可以覆盖园艺地布如地毡保湿。注意适量追施化肥如尿素，保证土壤养分供应，促进生长加快树体形成。

整形修剪：幼树长出枝条后，注意选留2~3个开张角度、方向合适的枝条培养主枝。注意这几个主枝在主干上要有15~20 cm的间距，防止未来大树出现'掐脖'现象。冬季修剪时，这几个主枝通过拉枝等方式控制角度和长势平衡，在顶端同等高度处短截，主枝

顶端处只留1个主枝,顶端其余的枝从基部疏除,主枝后部一般疏除背上直立枝、下垂枝和过密枝,留下其余枝条培养侧枝和结果枝利用,对背上直立枝也可以通过拉枝的方法改变其角度利用。栽植后第2~3年,通过生长期和冬季修剪,在每个主枝两侧培养几个侧枝,在侧枝上培养结果枝,去除背上直立枝、下垂枝和过密枝,留用角度好的中庸枝条短截促发新枝。侧枝上的枝条要注意更新。如果杏树树体某一部位空间大、并且存在大枝,为充分利用空间,可将大枝培养成临时性的结果枝。

根据选用的树形如开心形(图3-10),树体成形后,注意主枝、侧枝等骨干枝的平衡和主从关系,几个主枝顶端高度要大致同高、开张角度相近,侧枝延长枝不能高于主枝。

夏季修剪:在生长季节进行,主要采用除萌、拉枝、摘心的方式,调整枝量和树冠结构,改善光照,增强树势,提高树体抗病虫害能力。

肥水管理:幼树每年都要注意施肥和及时浇水灌溉促进生长。由于幼树树体小,根层浅,可在幼树四周开沟施肥,或者在其四周挖几个浅穴施肥。

间作:幼树前1~3年树体相对较小,行间空间相对较大,可在行间间作花生等矮株作物,增加经济收入,但注意间作作物不要靠近幼树而影响幼树生长,要注意在行间留好排水沟,防止涝害;不要间作种植高秆作物如玉米、高粱,或者爬秧作物如地瓜,以免影响幼树生长。第3年以后,果树已能够产生经济收入,为避免影响果树,建议不要再间作作物。

结果幼树管理:开始结果后,修剪要逐步从调节树体结构为主,转向调节营养生长和结果关系为主;施肥从使用氮肥促进生长为主,转向注重使用氮磷钾复合肥和有机肥,促进结果和提高果实品质。

第四节 杏成龄结果树管理

杏树在早春初夏上市供应市场，果实发育时间短，对前一年树体贮备营养的要求比其他果树高，因此，做好前一年的树体管理很重要。

一、土壤管理

土壤管理的目的是给杏树根系创造一个疏松透气的生长环境。这一点对于杏树来说特别重要。从土壤积水经常造成杏树死亡来看，杏树对土壤透气性是有一定要求的。

过去，通常在冬季结合使用有机肥进行深翻扩穴，在生长季节及时进行中耕、除草，可以疏松土壤，可以为根系创造一个疏松透气的生长环境，促进树体生长和结果。春、秋季结合使用有机肥对土壤进行一次全面深翻，深度40~50 cm，这也有助于保持土壤通透性，增强保肥蓄水性能，促进树体生长健壮，增强抗病虫害能力。通过土壤深翻，还可破坏害虫的潜伏场所。例如，秋季深翻后有些原来潜伏在土壤深层的害虫被翻入表层，可能不能安全越冬。

近些年，由于劳动力短缺，很少有进行深翻扩穴的。这种情况下，每年或者隔年一定要施用有机肥。由于使用有机肥需要在树体周围开沟或者挖穴，面积相对较大，使用有机肥在供给树体根系养分的同时，实际上也起到了改良和疏松树体周围土壤的作用。近年来，果园机械化发展较快，对于近些年推广的宽行密株果园，可考虑采用开沟机沿着行向开沟施用有机肥、改良土壤。多年不使用有机肥的杏园，土壤板结，透气性差，果实品质差。

二、施肥

过去使用普通化肥,杏树发芽前施入1次化肥,中期果实膨大期,追施1次化肥,促进果实膨大;后期杏果采收后追施1次化肥,促进花芽分化和形成。每次追肥后及时浇水。过去一般秋冬季节施有机肥,进行深翻土壤时结合施入。

在当前劳动力短缺的大环境下,可在春季杏树芽萌动前一次性施有机肥和缓释性化肥,减少施肥次数,节约用工。建议化肥使用有效成分含氮磷钾的硫酸钾型高钾三元缓释复合肥(16-9-20),幼树在发芽前株施 0.25 kg 缓释复合肥,成龄大树根据树体大小和结果多少每年春季发芽前株施 0.5~0.75 kg 缓释复合肥。注意,要选择使用硫酸钾型化肥,不要使用氯化钾型化肥,特别是盐碱地。

根据树体大小和生长势,每年株施有机肥 25~50 kg,有机肥也可隔年使用。可以沿着行向开一个 40~50 cm 深的长沟施入(图 3-11A),也可以在树体四周放射状开沟施肥(图 3-11B)。开沟施有机肥,特别是沿着行向开一条长沟施肥,实际上相当于进行了一定面积的土壤深翻,有助于增加土壤通透性,增强保肥蓄水性能,促进树体生长健壮,增强抗病虫害能力,又可以机械化施肥,因此建议采用这种方法施肥。

有机肥的使用是极为重要的。在山东省果树研究所万吉山试验基地杏园,使用有机肥和缓释复合肥的年份,树体健壮,亩产量高,果实品质好。由于该杏园靠近市区,牛粪等有机肥不能运入和使用后,杏园只施入一些缓释复合肥,杏树产量和果实品质受到一定影响。

三、灌溉与排涝

杏树由于有深根性,树根向下很深,本身是较抗旱的,但是,开花前、果实膨大期、花芽分花期等关键时期必须做好浇水灌溉,

防止干旱。干旱期间一定注意及时浇水,有条件的可发展滴灌或者小水灌溉。另外,也可以采取一些保水措施,例如,树下覆盖毡布或者覆草。树下覆盖毡布的保水效果是显著的,可以显著延长杏园浇水时间间隔。

2014年,山东省果树研究所万吉山基地杏园树下覆盖的毡布(图3-12A、图3-13B、图3-13C),多年后还起着保水作用(图3-12B)。图3-13A展示了2021年开沟施化肥时需要揭起还在使用的毡布。

杏树极易发生涝害,为避免涝害,遇到大雨杏园发生积水时,要注意及时排出积水。杏树可采取起垄栽培或高垄畦田栽培模式,对于栽植时没有起垄的杏园,可在行间挖排水沟。特别强调一下杏树防涝,郓城县玉皇庙镇一个村的杏树,2021年绝大多数因为涝害死亡。一些新品种杏园,也因为涝害出现杏树死亡。例如,在肥城市栽植的5亩杏树,因为没有起垄,也没有挖排水沟,低洼处积水造成10余株杏树死亡。像这种杏树栽植时没有起垄的,因为栽植后再起垄会埋没杏树根茎,不能再起垄,故建议挖排水沟(图3-13B)。挖排水沟后,没有再出现涝害造成杏树死亡。

特别注意,'美华''珍珠油杏'等品种采前10~15天不要浇水,下雨时注意采取避雨措施,否则易出现裂果。大果品种在果实发育期要注意浇水,满足果实发育需要。

对于缺少水源灌溉的山岭地栽植杏树,可在地势低的地方修建蓄水池收集雨水,需灌溉时利用。

四、杂草处理

杏园中的杂草去除是一项费力的工作。在劳动力短缺的情况下,建议采用打草机除草或者在果园行间地面覆盖黑色的园艺地布。春季覆盖好黑色的园艺地布(图3-13C),可有效控制杂草生长,一般整个生长季无需再考虑杂草问题,是一种相对省力的果园杂草处理

方法。

杏作为一种鲜食水果,建议不要在其果园使用除草剂。

五、花果管理

由于杏树花期易受低温影响,有"满树花,半树果"和"十年九不收"之说,所以杏树一般不疏花,这点与苹果和梨等果树不同。当然,对于坐果率高的品种(图3-14A),还是要注意疏果(图3-14B),控制产量,增大果实果个,提高质量。

杏的坐果率与花的柱头短(退化)有关,加强管理可减少退化率。对于低产杏园和坐果率不高的品种(图3-14C),除了前面说的定植时要注意配置好授粉品种,并采用合理栽植方式配植授粉品种外,还可以进行人工授粉或者花期放蜂授粉(图3-15),果园花期可放蜜蜂或壁蜂。果园花期放蜂是提高杏树坐果率最为有效的方法。

对大多数人来说,花是美丽的、供人欣赏的。对植物来说,花有完全不同的作用。例如,花的美艳可吸引昆虫来访花。在昆虫访花过程中,就帮助花完成了授粉,这是果实和种子形成的开始。如图3-15A所示,花由花柱、柱头、花丝、花药、花瓣、花萼等部分组成,花柱和柱头构成雌蕊,花丝和花药构成雄蕊。花药中的花粉,借助昆虫帮助,传播到柱头上进入花粉管,就完成了授粉(图3-15B)。实际上蜜蜂或壁蜂大多数情况下是沾采其他花朵上的花粉给这朵花授粉(图3-15C)。

注意:人工授粉要用不同品种的花粉。生产上有专用的花粉销售,对于大面积杏园,可购置花粉用喷粉机进行喷施。对于少量杏树,也可以自己采集花粉,采用人工点授的方法授粉。与杂交育种授粉需要在花蕾期进行不同,生产上授粉在花朵开放后进行。可以提早采集花蕾(图3-16A),制取黄色的父本花粉(图3-16B),放入一个小瓶中,授粉时毛笔蘸取花粉在母本柱头上点授。还可以从树上采摘父本花朵,将其花药部位直接对准母本柱头上点授(图3-

16C)。

根据表 2-1 的试验结果，给新品种'开园'和'春华'进行人工授粉品种时，可采集'美华'的花粉；给新品种'春华'进行人工授粉品种时可以采集'金太阳''美华'和'立园'的混合花粉。

在许多果园，杏树果实会受到鸟类的为害，可以采用挂防鸟网的方法防止鸟类为害（图 3-17）。在杏树枝条上绑系鲜红色布条，飘摇的红色布条有防止鸟类靠近的作用，可防止鸟类危害杏果[12]。

六、果实采收

杏是不耐贮存的果实，采收时一定要轻拿轻放。用于存放果实的容器要有柔软的衬垫，不要引起果实损害。

曾有沂水县种植者反映说，'珍珠油杏'品质好，采收时果实硬度也可以，就是不耐贮放。这可能是由于没有注意采收细节造成的。作者研究团队在采收中也遇到过这种情况。当时，采收者看到果实很硬，采后就将果实扔到果篮里，当时看不出来损伤，但后来许多果实出现碰压伤症状、果实软化。

对于运输销售的果实，要适当早采，采用能够防止挤压的容器存放（图 3-18A）。

七、清园

每年落叶后到第二年芽萌动前，要对果园内落叶彻底清扫，结合冬春季修剪，剪除病虫枝、果、卵块，清除枯枝落叶，刮除树干老翘裂皮，集中销毁或移出果园；夏季果实成熟期，将带有杏仁蜂等蛀果类害虫的果实清除出果园并且销毁。清除田间病虫害株残体可减少虫源基数，有助于果园病虫害防治。

八、整形修剪

整形修剪就是剪去一些不必要的枝条，使树体保持一定的结构

第三章 杏树生产管理技术

和形状,能够长久地维持良好结果状态。杏树树枝的不同部位都存在花芽,花芽是纯花芽,修剪时不用区分结果枝和营养枝。苹果树修剪技术掌握不好,剪去过多的结果枝,可能严重影响产量;杏树修剪相对容易些,但也要注意通过修剪控制树势,改善树体通风透光条件。如果修剪不当,长势过旺,徒长枝过多也会影响产量。

冬季修剪时期:落叶后至第二年芽萌动之前进行。

成龄树整形修剪:一般可先定好树体骨架轮廓,然后对局部进行细致的更新修剪。具体步骤如下:

第一步,通过修剪维持树体平衡。对于粗度、长势、开张角度相近的几个主枝,每年修剪时在顶端同等高度处剪接延长枝。如果出现较弱的主枝,要实施"抑强扶弱"的修剪策略维持树体平衡,例如,适当抬高较弱主枝的剪接口高度,适当加大较强主枝的开张角度。

第二步,控制树高和树体大小。目前树形主要采用疏散分层形(图3-18B)和开心形(图3-19A)以及适合高密栽植的"Y"形(图3-19B)。就开心形来说,没有中心干(中央领导枝),只有几个主枝,可避免果树过高[13],将主枝顶端控制在一人多高、向上触手可及的2 m左右高度(图3-20),以方便果树管理。高密栽植时采用两个主枝的"Y"形,实际上就是两个主枝的开心形。对于疏散分层形,下层留3个主枝、上层留两个主枝,两层间距30~60 cm。为了操作方便,也要适当控制高度。各种树形的树体横幅大小,要保证树枝不与邻近的树体交接,有交接的树枝要短截或者回缩。

第三步,疏除徒长枝、背上直立枝、背下枝和过密枝以及一些不需要的大枝。注意,对背上直立枝,如果其附近没有可以利用的结果枝条,也可以通过拉枝的方法改变其角度,或者在其2 cm高处剪接促发小枝,俗称留橛修剪。

一株树完成以上3个修剪步骤,应该基本定好树形骨架轮廓,整株树看起来不再紊乱,就树形来说,做到"有形不死,无形不乱"，达到树体通风透光好、有利于结果的目的。

第四步，局部更新修剪。主要采用短截、回缩、疏剪、缓放的方式。为防止树枝后部光秃，对过长的多年生树枝要回缩剪截；对于过密的树枝，要从基部疏除；对于想培养成为结果枝的一些枝条，可以缓放不修剪；对中庸枝条要短截促发新枝，注意短截枝条的长度与第二年新生枝条的长度有关系。进行重短截、留枝短，第二年新生枝条就生长得长而粗；进行轻短截、留枝长（例如，从枝条的顶端剪去1/4~1/3），那么第二年靠近顶部位置的新生枝就长的较长，中后部位置的新生枝较短。

一般情况下，重短截有利于老树更新复壮，轻短截和缓放有利于形成的枝条结果。

参考文献：

[1] 苑克俊，王长君，王培久，等．杏采后当年播种培育育种植株技术研究．天津农业科学，2014，20（11）：88-92.

[2] 赵红军，刘庆忠．特早熟杏种子直播育苗技术研究．落叶果树，2000（6）：7-8.

[3] 赵红军，刘鹏，刘庆忠．特早熟杏红荷包种子直播育苗技术研究．落叶果树，2001（6）：8-9.

[4] 赵习平．极早熟杏种子处理方法的比较研究．河北农业科学，2006，10（2）：114-115.

[5] 赵习平，刘铁铮，武晓红．极早熟杏种子适宜处理方法研究．山西农业科学，2013（12）：1327-1329.

[6] 苑克俊，王长君，王培久，等．赤霉素处理日光温室杏种子对加速育苗进程的效果研究．山东农业科学，2013，45（10）：76-78.

[7] 苑克俊，牛庆霖，王培久，等．赤霉素处理杏种子当年播种育苗方法的改进．天津农林科技，2015（5）：3-5.

[8] 苑克俊,石一川,牛庆霖,等.逆境下9个极早熟、早熟杏品种性状的调查与分析.落叶果树,2023,55(2):14-16.

[9] 苑克俊,王培久,李圣龙,等.极早熟杏新品种'春华'.园艺学报,2019,46(S2):2745-2746.

[10] 葛福荣,苑克俊,牛庆霖,等.早熟杏新品种'立园'.园艺学报,2020,47(S2):2887-2888.

[11] 苑克俊,王培久,葛福荣,等.极早熟杏品种开园和春华的价格分析.落叶果树,2019,51(6):56-58.

[12] 王培久,苑克俊.果园防鸟害简便方法.农业知识,2012(32):31.

[13] 三轮正幸.图说果树整形修剪与栽培管理.赵长民,苑克俊,侯玮青,译.北京:机械工业出版社,2017.

第四章 杏树病虫害及防控要点

由于杏树有关病虫害的研究工作相对较少，为了尽可能全面地说明问题，有些病虫害的资料借鉴了其他果树的研究结果。

第一节 杏树病害

一、杏根腐病

杏根腐病（图4-1A）属于弱寄生性真菌病害，主要为害根系，导致烂根，影响树体生长，导致树势衰弱，甚至引发死树。发病初期，地下须根首先出现棕褐色圆形小斑，以后病斑扩展，侵染到主根和侧根，皮层变褐色，木质部逐渐坏死，地上部分枝叶失水萎蔫或树体枯死。重茬栽树、土壤黏重和排水不良，容易发生根腐病。

防治方法：①禁止在黏重地、涝洼地和重茬地建园，采用起垄栽培，以便及时排水防涝。②发现树势生长不良时，挖开土层发现病根，用200倍硫酸铜溶液或30%噁霉灵水剂1 667~2 333 mL/亩兑适量水灌根。

二、杏细菌性穿孔病

杏细菌性穿孔病主要为害杏树叶片,也为害小枝及果实。在叶片发病初期首先出现水浸状小型圆斑,随后扩大变成直径大约2 mm的红褐色斑,斑点周围有黄绿色晕圈。病斑干枯脱落以后形成穿孔。若干病斑相连形成大的孔洞,严重时引起落叶。一年生枝条受害后常发生溃疡,出现水浸状褐色小疱或紫褐色病斑,然后变成凹陷斑,边缘有时流出树胶,当病斑环绕枝条一周时,便引起枝条枯死[1-2]。

发病规律:根据桃树上的研究,病原菌在枝条发病组织内越冬,第二年春季随着气温回升,潜伏的细菌开始活动繁殖,待到开花后病菌随风、雨或昆虫传播,经叶片气孔、枝条和果实的皮孔侵入树体内[3]。叶片一般于春季发病,雨季高温时期最适合该病发生和蔓延。在树势衰弱、排水不良、通风透光较差和偏施氮肥的园内,杏树发病比较重[4]。

防治方法:①冬季修剪时,彻底清除杏园枯枝、落叶,并集中运走销毁或深埋,以消灭越冬病源。②杏树芽萌动前,树上喷洒5波美度的石硫合剂[1,4];杏树展叶后,树上均匀喷洒硫酸锌石灰液(按硫酸锌1份、硝石灰4份、水240份的比例配制)或防治细菌的杀菌剂(中生菌素、喹啉铜、噻唑锌等)。

三、杏褐斑穿孔病

杏褐斑穿孔病(图4-1B、图4-1C),是为害杏、桃、李、樱桃、梅的主要病害,主要为害叶片,也侵染新梢和果实[2]。根据在李树上的研究,该病为害症状为:叶片受害初期,叶面出现针尖大小黄褐色斑点,不久扩展为直径2~5 mm的褐色圆斑,边缘淡褐色形成离层,后期病斑中部干枯脱落成孔,严重时叶片上布满多个病斑,导致叶片脱落[5]。根据在苹果树上的研究,褐斑病菌以菌丝体

或分生孢子在病叶、枝或芽内越冬，第二年春季产生分生孢子，借风和雨传播，侵染嫩叶[6]。出现的病斑再产生分生孢子，再侵染新的叶片、新枝和果实。春夏季节，果园湿度大有利发病。

防治方法：①休眠季节修剪时彻底剪除病枝、枯枝，清扫落叶，集中销毁，消除越冬菌源。②夏季适当疏枝，有利于树冠通风透光，能明显减轻病害发生。③发病初期，树上喷洒40%唑醚·戊唑醇悬浮剂2 500倍液或400 g/L氯氟醚·吡唑酯悬浮剂3 000倍液。

四、杏疔病

杏疔病又名杏黄病、杏红肿病、杏叶枯病，主要为害新梢、叶片，也为害花和果实[2]，造成病梢生长较慢，节间短粗，病叶变黄、增厚、革质化、卷曲等，叶柄基部肿胀，叶片两面布满褐色小粒点。遇雨或潮湿则小粒点产生大量橘红色黏液，内含无数病菌孢子。后期病叶逐渐干枯，变成黑褐色，质脆易碎，挂在枝上不落。花受害则花萼肥厚、难以开放，花萼、花瓣不易脱落。果实发病后生长停滞，果面产生淡黄色病斑，病果后期干缩脱落或挂在树上[7]。病原菌在病叶中越冬，春天借风雨或气流传播到幼芽上，侵染后在新梢、新叶上发病。1年中病菌只侵染1次，没有第2次侵染。

防治方法：冬剪时剪除病枝、病叶，杏树生长季节，发现病枝、病叶及时剪除，把上述剪除的病枝、病叶集中起来烧毁或深埋，减少病菌侵染源。杏树冬季修剪后到芽萌动前，对树体全面喷布5波美度石硫合剂，之后可以在防治其他病害时喷药兼治。

五、杏叶焦边病

杏叶焦边病（图4-2A），病因不详，发病部位主要是杏树叶片，发病时先从叶片边缘开始呈黄褐色干枯，感病叶片上病健部分明，有的后期枯斑脱落后形成残叶，有的枯斑不脱落，待全叶枯死后连叶柄一块脱落。该病症在展叶期开始发病，之后病情发展迅速，陆

续出现病叶脱落。进入雨季后，病情发展较慢，个别果园在秋季会出现第二次发病高峰，造成提前落叶。该病受栽培条件的影响较大，在风沙地上的杏园，缺少肥水、树势弱的树发病重，水肥条件好、树势壮的树发病轻。

防治方法：增施有机肥，加强肥水、土壤管理，特别是春季不要缺水，以增强树势和减少发病。

六、杏炭疽病

杏树炭疽病（图4-2B、图4-2C），属于真菌性病害，主要为害果实，也为害叶和新梢，常引起落果、死梢。果实发病初期果面出现淡褐色水渍状斑点，之后病斑随果实膨大扩展为圆形或椭圆形红褐色凹陷斑，气候潮湿时病斑上长出橘红色小粒点，呈同心轮纹状排列[1]。病原菌主要以菌丝体在病梢、病叶、病僵果上越冬[8]。杏树谢花后越冬病菌产生分生孢子，随风、雨或昆虫传播，侵害新梢和幼果，在杏树整个生长过程中都可被该病菌侵染和危害。果实接近成熟时如遭遇到高温多雨，发病就会严重。

防治方法：①冬季修剪时，彻底清除杏树上的枯枝和病果、树下的落叶和落果，集中深埋或焚烧，以减少次年侵染菌源。生长期及时剪除树上出现的病梢及病果，防止产生分生孢子，进行再次侵染。②杏树芽萌动前，全树喷洒5波美度石硫合剂[1]；谢花后1~2周开始，可选用75%甲基硫菌灵可湿性粉剂800~1 000倍、50%异菌脲可湿性粉剂1 000~1 500倍液、24%腈苯唑悬浮剂2 500~3 000倍液、20%戊唑醇水乳剂3 000~4 000倍液、325 g/L苯甲·嘧菌酯悬浮剂2 000倍液均匀喷洒树冠，连续喷洒2~3次，不同杀菌剂交替使用。

七、杏褐腐病

杏褐腐病（图4-3A），属于真菌性病害，可为害花、叶、枝梢及果实,其中,以果实受害最重,严重影响产量和品质。花部受害后变褐枯萎、腐烂生霉[9]。嫩叶受害后自叶缘开始变褐萎垂,可通过叶柄逐步蔓延到果梗和新梢上,形成溃疡斑并发生流胶。当溃疡斑扩展环梢一周时,上部枝条即枯死。果实自幼果期至成熟期均可发病,成熟期发病重,在果面产生褐色圆形病斑,并快速扩展引起烂果,病斑表面长出圆圈状灰白色霉层。病原菌主要以菌丝体在僵果和病枝溃疡处越冬。第二年春季产生分生孢子,依靠风雨和昆虫传播,由皮孔和伤口侵入引起初侵染[10]。树冠郁闭、高温高湿有利发病。

防治方法:①冬季修剪时,彻底清除病果和病枝,集中深埋、焚烧等妥善处理。②谢花后的防治,同杏树炭疽病。

八、杏疮痂病

杏疮痂病属于真菌性病害,主要为害果实表皮,也为害杏树枝叶。受害果实多在果肩部发病,初期果实病斑为暗绿色、近圆形小点,以后逐渐扩大至 2~3 mm,多个病斑常连接成片,果实近成熟时病斑呈黑色或紫黑色,易发生裂果形成疮痂。受害枝条病斑呈暗褐色隆起状,常发生流胶,最后枯死。受害叶片先在背面出现绿色病斑,以后变为褐色或紫红色,最后穿孔或脱落。病原菌以菌丝体在杏树枝梢的病部越冬[1]。翌年 4—5 月产生分生孢子,经风雨传播到果实和枝叶上侵染后潜伏,潜伏期为 25~70 天,待杏果膨大后发病。

防治方法:①结合冬、春季修剪,剪除病枝,集中处理,减少初次侵染源。②谢花后的防治,同杏炭疽病。

九、杏树根癌病

杏树根癌病又名根瘤病,是一种细菌性病害。该病菌可以为害杏、桃、樱桃、李、苹果、核桃、葡萄等多种果树的根系。根癌病病菌通过伤口侵入杏树根颈部、侧根和须根,刺激发病部位细胞快

速分裂和生长,在根部形成大小不等和形状各异的癌瘤,癌瘤初生时乳白色或略带红色,后渐变褐色至深褐色,表面粗糙或凹凸不平,影响根系功能。苗木受害后由于生长受阻,苗弱小。成龄杏树发病后树势逐渐衰弱,果实变小,发病严重后树叶发黄、树体早衰死亡。耕作不慎或地下害虫为害使根部受伤,有利于病菌侵入和杏树发病。据报道,根癌病菌常在发病组织和周围土壤内越冬,病菌能在土壤中的病残体内存活1年以上。病菌可以随雨水、灌溉水传播到同园果树,地下害虫如蛴螬、蝼蛄、金针虫也能传播该细菌。发病的杏苗外运是远距离传播根癌病的重要途径[11]。

防治方法:①育苗圃不要连作,苗木出圃前要进行检查,发现病苗及时拣出,集中妥善处理。禁止重茬建园。杏园内发现病株后及时挖除焚毁,对其树穴内及周围土壤进行彻底消毒处理。②杏苗栽植前,先用微生物菌剂抗根癌菌剂1号(K84)液体浸沾根系,预防病害发生。③在果树上发现癌瘤时,先用快刀切除癌瘤,再用波尔多浆或400单位的链霉素液涂抹切口,外加凡士林保护[11]。

十、杏树木腐病

杏树木腐病又名心腐病(图4-3B、图4-3C),可为害杏、桃、李、樱桃、苹果、板栗等多种果树,是老果树上普遍发生的一种枝干病害。该病害主要为害杏树枝干的木质心材部分,使心材腐朽,在枝干外部长出一些形如平菇状的灰白色子实体,形态和大小多样。子实体一般坚硬,最初表面光滑,老熟后出现裂纹。木腐病菌以菌丝和子实体在发病的枝干上越冬,子实体产生的担孢子随风雨飞散传播,自剪口、锯口、虫孔及伤口侵入树干。幼树、生长旺盛的树一般不发病,老弱树容易发病。

防治方法:合理肥水,增强树势,预防发病。发现病枝后及时锯除发病部分,并在锯口部位涂抹杀菌剂预防病菌侵染。加强对蛀干害虫的防治,田间管理杏树时,对伤口、剪口及时涂抹石硫合剂或伤口愈合剂。

十一、杏流胶病

杏流胶病（图4-4），是一种典型的生理性病害，严重削弱树势。流胶病主要发生于枝干上，从树皮下、伤口处流出透明的树胶，与空气接触后，树胶逐渐变褐，成为晶莹柔软的胶块，最后变成茶褐色硬质胶块。引起该病的原因很多，如雹伤、虫伤、冻伤、日灼伤、机械创伤等。夏季修剪过重，施肥不当，土质黏重等均能诱发流胶病[1]。

防治方法：①禁止在涝洼地建园，雨季及时排水防涝，田间作业时避免对树体造成损伤。修剪杏树时，及时给剪锯口、伤口涂以保护剂。落叶后，在枝干上涂抹林木涂白剂或石硫合剂，预防冻害并兼治多种病虫。多施有机肥和磷钾肥，减少氮肥用量，增强树体抗病性。②及时消灭蛀干害虫，如天牛、小蠹虫等，避免虫害造成伤口引起流胶。

十二、杏红点病

杏红点病（图4-5A），属真菌性病害，主要为害果实，也可为害叶片。受害果实表面产生褐色或紫褐色木栓化斑点或斑块，病部可深入果肉5~8 mm，呈木栓化[1]。该病病菌主要在病叶上越冬，幼果期形成分生孢子，借风、雨传播侵染果实和叶片，引起发病。

防治方法：参照杏炭疽病。

十三、杏树黄叶病

土壤缺铁影响杏树营养供给和叶绿素形成，导致杏树黄叶，主要表现为叶脉保持绿色，而脉间叶组织褪绿变黄。发病严重时整片叶全部变黄，最后变成黄白色，叶片边缘焦枯，导致叶片脱落。因此，黄叶病又名缺铁症，属于生理性病害。缺铁症先从幼嫩叶上开始发病。一般树冠外围、上部的新梢顶端叶片发病较重,下部的老叶发病较轻。杏树栽植在盐碱或钙质土壤,容易发生黄叶病。夏季降雨多杏园出现积水,土壤通气性差,降低根系的吸收能力,铁元素移动性差,也容易引发黄叶病。

防治方法:①防治缺铁症应以改良土壤为主,增施有机肥,提高土壤有机质含量,降低盐碱度,增加土壤的透气性,有利杏树对铁元素的吸收和利用。对于盐碱地,通过施用石膏、硫磺粉、土壤酸性肥料来改良土壤,促使土壤中被固定的铁元素释放出来。②对于黄叶病比较严重的杏树,于春季杏树芽萌动前每株成龄树浇灌30~50倍的硫酸亚铁水溶液50~100 kg,或每株树干基部土壤开沟撒施硫酸亚铁1~2 kg;把硫酸亚铁与有机肥1:5混合后,开沟施肥于杏树毛细根部,治疗效果持续更长久。杏树展叶后,叶面喷施0.3%~0.5%硫酸亚铁溶液。

十四、苗木立枯病

苗木立枯病发生在根茎部位和根部(图4-5B、图4-5C)。因此,施药部位是根茎处和根周围的土壤,可用70%甲基硫菌灵可湿性粉剂800倍液喷施根茎处和根周围的土壤。注意不要将药液喷施到幼叶上,药液喷施到叶片上可能伤害苗。

第二节 杏树害虫

一、杏仁蜂

杏仁蜂(图4-6)是专门为害杏仁并造成落果的重要害虫,严重发生时可导致杏果绝产绝收。该虫每年发生1代,主要以幼虫在杏园地面落杏及树上僵果的杏核内越冬。越冬幼虫于翌年3月中旬开始进入化蛹期,直至4月中旬全部化蛹。成虫于4月上旬开始羽化,羽化成虫在杏核内驻留一段时间,待到躯体坚硬后咬1圆孔飞出。成虫早晚在树上栖息,日间在树上飞翔并交尾产卵[2]。产卵盛期正值杏小幼果期,成虫用产卵器刺破果皮产卵于果心部位,多数是1果产1粒卵。卵孵化后,幼虫在果内取食杏仁,幼果逐渐停止发育,果实失水萎蔫,部分果实脱落,另一部分果实在树上干缩后一直挂在枝头。进入夏季,幼虫进入滞育状态,整个幼虫期长达10个月之久。

防治方法:①杏果生长期发现树下落果及时捡拾,带出园外进行深埋。冬季清园时,彻底清除地面杏核和树上干杏,集中深埋或进行焚烧。②杏仁蜂发生区域,一定在其成虫发生期喷药防治,可选用触杀性的拟除虫菊酯类杀虫剂,即可收到良好的防治效果。

二、杏象甲

杏象甲,又名杏象虫、杏虎、桃象甲等,主要为害杏、桃等果树。该虫以成虫取食花、芽、嫩枝和幼果,成虫产卵于幼果内并咬伤果柄,幼虫在果实内蛀食,致使被害幼果在5月提前脱落,严重影响杏树产量。杏象甲每年发生1代,以成虫在表土5~10 cm深处的蛹室内越冬,待到第二年平均气温达10 ℃左右时,越冬成虫开始出蛰为害,3月下旬至5月上旬为成虫发生期[12]。花期成虫取食花蕾和花朵,造成大量落蕾、落花。4月中旬开始在幼果内产卵,卵期7~10天,初孵幼虫在核仁内取食,经20天左右发育成老熟幼虫,脱果入土化蛹。杏象甲成虫体长4.5~6.5 mm,体色深红并具有金属光泽,头管细长,具有假死性,受惊后即坠落或在下落途中飞逸。

防治方法:①在成虫发生期,振动树枝使成虫落地,直接踩死成虫。捡拾落地虫果,集中碾压粉碎或浸泡到开水中,以杀死里面的幼虫。结合土施基肥翻动树盘,破坏越冬蛹室使蛹裸露冻死。

②田间树上发现杏象甲成虫时，于杏树谢花后喷洒5%氯氰菊酯水乳剂1 000倍液进行防治，间隔15天再喷洒1次。

三、梨小食心虫

梨小食心虫（图4-7A、图4-7B），又名东方蛀果蛾，简称"梨小"，俗称食心虫、折梢虫，在国内果树种植区广泛分布，特别是在核果类果树种植区发生较重。食性很杂，可为害杏、桃、苹果、梨、枇杷、李、樱桃、沙果、山楂、枣、海棠等果树，也能为害樱花、紫叶李、碧桃、梅花等观赏果树。以幼虫蛀食为害杏果和新梢，虫入果孔很小，褐色小点状，脱果孔为稍大圆孔，新梢上的脱出孔处有幼虫吐的丝。受害果实腐烂、脱落，嫩梢受害后很快枯萎，幼虫就转移到另一嫩梢上为害。每个幼虫可食害3~4个新梢。梨小食心虫成虫体长4.6~6.0 mm，全身灰褐色，前翅深灰褐色，前缘色深，上具10组白色短斜纹，翅面中部有一明显小白点。老熟幼虫体长10~13 mm，头部黄褐色，体背面粉红色，腹面色浅；低龄幼虫体白色，头黑色[13]。

梨小食心虫年发生代数因各地气候不同而异，华北地区1年发生3~4代。以老熟幼虫在果树的枝干裂皮缝隙、主干根颈周围表土等处结丝茧越冬。山东省鲁中地区春季3月越冬幼虫开始化蛹，待到杏花开放时成虫开始出现，在谢花以后虫量增多，展叶期为成虫产卵的盛期，成虫产卵于果面和新梢的中部叶片背面，孵化后不久小幼虫即钻入果内和梢内[13]。因此，谢花后2周左右是树上喷药防治的关键时期。随后成虫发生期不整齐，田间世代交替现象严重，幼虫蛀入果实和新梢后不容易接触到药剂。该虫在杏园常年为害新梢，只在挂果期为害果实。寄主果树混栽种植情况下，梨小食心虫可以在不同寄主之间、果实与新梢间相互转移，不容易防治。

防治方法：①避免寄主植物混合栽植。冬季落叶后清洁果园、树干涂刷专用涂白剂。杏树生长期间及时摘除受害果实、新梢，集

中处理。②成虫发生期（3—10月），田间挂放梨小食心虫性诱捕器诱杀雄性成虫，或释放梨小食心虫专用迷向素干扰成虫交配，20~30天更换1次性诱剂和迷向素。③在田间虫卵发生期，释放松毛虫赤眼蜂可以防治，一般4~5天放蜂1次，连续释放3~4次。④喷药防治应掌握在成虫产卵期和幼虫孵化期，有效药剂为溴氰菊酯、甲氨基阿维菌素苯甲酸盐（简称甲维盐）、苏云金杆菌、氯虫苯·溴氰、茚虫威等。

四、杏蚜

杏蚜（图4-7C），1年发生多代，主要以成蚜、若蚜刺吸幼嫩枝叶汁液，形成卷叶和生长不良，影响树势，并能传播杏树病毒病。该虫以黑色卵在杏树芽腋、裂缝和小枝杈等处越冬，杏树萌芽时，越冬卵开始孵化，初孵蚜虫首先群集在芽上为害，待到花和叶开放后，又开始为害花器和叶片，并不断地进行孤雌生殖，种群增长很快。叶片被害以后，向背面不规则地卷曲，上面沾满蚜虫分泌的黏液[2]。杏树幼果期至成熟前，该虫繁殖速度最快，危害最重。进入夏季高温时期，该虫产生有翅蚜飞到杂草、农作物等夏寄主植物上为害，一直到杏树落叶前，又飞到杏树等果树上产卵越冬。

防治方法：①在杏蚜发生初期，可释放异色瓢虫进行生物防治。②杏树花芽露红期，树上喷洒3%噻虫嗪乳油1 500倍液；谢花后喷洒15%氟啶虫酰胺·联苯菊酯悬浮剂4 000倍液，或喷洒22%氟啶虫胺腈悬浮剂5 000倍液。

五、桃粉蚜

桃粉蚜（图4-8A），又名桃大尾蚜、桃粉绿蚜，在国内广泛分布。主要为害桃、杏、李等核果类果树，也为害香蒲、芦草等多种禾本科植物。以成蚜、若蚜在杏叶背面群集为害，被害叶向背面略作对合状，蚜虫体分泌大量白色蜡粉和蜜露覆盖在虫体和受害叶片

上。无翅成蚜体长约 2.3 mm，绿色，体表被有一层白色蜡粉。若蚜形态和无翅成蚜相似，只是个体较小。该蚜虫 1 年发生 10~20 代左右，以黑色椭圆形卵在杏树枝的小枝叉、芽腋及裂皮缝隙处越冬。次年杏树萌芽时，越冬卵开始孵化。谢花后至果实成熟前为繁殖、为害盛期。春梢停止生长后，产生有翅蚜迁飞到夏寄主上繁殖、为害。10 月，又迁飞回果树上产生性蚜，交尾后产卵越冬。

防治方法：参照杏蚜的防治。由于此虫体被有蜡粉，药液中加入适量餐洗净，以增加药液黏着和渗透，提高防治效果。

六、桃蛀螟

桃蛀螟（图 4-8B、图 4-8C），又称桃蛀野螟、桃斑螟、桃实虫、桃蛀虫，俗称蛀心虫，在国内广泛分布。该虫食性极杂，可以为害杏、桃、石榴、板栗、山楂、向日葵、玉米、蓖麻等 40 余种植物[14-15]。以幼虫蛀食近成熟杏果，造成果实腐烂、脱落，为害部位充满虫粪，严重影响杏果产量和品质。桃蛀螟的成虫体长 12 mm 左右，翅展 25~28 mm，全身橙黄色并点缀有多个黑色斑点，其中，腹部第一、三、四、五节背面各有黑斑 3 个，第八节末端黑色，前翅有 20 余个黑斑，后翅有 10 余个黑斑。老熟幼虫的体色随取食寄主不同变化较大，通常为害杏果的多为暗红色，头和前胸背板褐色，身体的各节上有明显的灰褐色毛片。桃蛀螟在北方地区 1 年发生 2~3 代。以老熟幼虫在果树受害果实及向日葵、玉米等寄主的茎秆中越冬。越冬代成虫于第二年 4 月中旬至 5 月中旬发生，日间于叶背阴暗处静伏，夜间活动和交尾产卵。第一代幼虫主要为害杏果实，成虫把卵散产在杏果实的果柄处，孵化出的幼虫蛀入果实内部为害，经过 15~20 天发育成为老熟幼虫，在杏果实与枝叶相贴处化蛹，大约经过 8 天羽化为第一代成虫。随着杏果收获，转移到桃树、向日葵等其他寄主上产卵为害[14]。因此，越冬代成虫产卵期是杏园喷药防治桃蛀螟的关键时期。第一代成虫于 6 月下旬至 7 月中旬发生，主要在晚熟杏和桃果实上产卵为害。成虫具有趋光性。

防治方法：①避免在杏园及附近种植桃树、石榴、向日葵、玉米、板栗等桃蛀螟的其他寄主，以减少越冬虫源和对杏果危害的风险。②在4—5月越冬代成虫发生期，利用桃蛀螟性信息素诱捕器、杀虫灯监测田间虫情和诱杀成虫，当成虫数量增多时，杏园释放赤眼蜂或喷洒杀虫剂防治。有效药剂有甲氨基阿维菌素苯甲酸盐、除虫脲等。

七、桃一点叶蝉

桃一点叶蝉（图4-9A、图4-9B），又名桃小绿叶蝉、桃浮尘子，以成虫、若虫刺吸为害叶片，破坏叶肉细胞和叶绿体，导致叶片失绿出现白色小点，严重时全叶苍白，显著降低光合作用，衰弱树势。该虫在山东地区每年发生5~6代。以成虫在杏园附近的柏树、松树等常绿树木及杂草丛中越冬。第二年杏树展叶期，叶蝉开始转移到杏树上活动，在叶背及芽上吸食汁液，并在叶片的主脉内产卵，卵孵化以后，若虫继续为害叶片，在杏叶的整个生长期一直发生为害。10月末杏树开始落叶时，叶蝉成虫开始转移到周围的常绿树木上越冬。

防治方法：主要是药剂防治，可与防治蚜虫一起进行。如果果实采收后仍有大量叶蝉为害，需要再喷洒1次噻虫嗪进行防治。

八、杏芽瘿螨

杏芽瘿螨（图4-9C），为梅下毛瘿螨，是为害杏树的一种重要微小害螨，在国内外杏树上广泛发生。该瘿螨肉眼难于看见，主要群集侵染杏树幼芽，受害芽增生畸变，形成大小不等的刺状瘿瘤，一个瘿瘤内可有多个芽丛，晚期瘿瘤变褐，质地变脆，用手触压，易于破碎，严重时枝条上瘿瘤密布，阻碍杏树生长和开花结果，甚至枝条和树体枯死。

第四章 杏树病虫害及防控要点

防治方法：①冬季修剪杏树时，剪除带有虫瘿的枝条，集中起来粉碎沤肥，可有效灭杀越冬虫源。②杏树幼果期，与防治红蜘蛛一起进行，树上均匀喷洒30%乙唑螨腈悬浮剂3 000倍液。

九、红蜘蛛

杏树上常见的红蜘蛛为山楂红蜘蛛，又名山楂叶螨（图4-10A、图4-10B），在国内落叶果树产区广泛分布，可为害杏、樱桃、桃、梨、苹果、山楂、核桃、榛子、橡树等。该螨雌成螨身体暗红色，椭圆形，体长0.5~0.7 mm，背部稍隆起。以成、若螨群集杏树叶片背面刺吸为害，主要集中在主脉两侧。叶片受害后，在叶片表面出现黄色失绿斑点，并逐渐扩大，叶片背面呈锈红色。在叶片背面有吐丝结网习性，受害严重时，叶片呈灰褐色焦枯以至脱落。1年发生5~10代，以受精雌成螨在主枝、主干的树皮裂缝内及老翘皮下越冬，也有部分在落叶、枯草或石块下面越冬。次年，杏树展叶时出来上树取食，为害嫩叶，7~8天后开始产卵。第一代发生较为整齐，是喷药防治的关键时期，以后各代重叠发生。麦收前后，种群数量急剧增加，为全年发生高峰期，雨季到来后种群数量降低。随着杏树落叶，红蜘蛛陆续爬行到越冬场所。

防治方法：①晚秋，树干绑草把或塑料布等，诱集越冬害螨，冬季解下烧掉。秋冬季落叶后，彻底清扫果园内落叶、杂草，集中处理。②在果树行间种植功能植物，为天敌昆虫提供补充食料或栖息场所。在红蜘蛛发生初期，释放捕食螨、塔六点蓟马等天敌。③花芽萌动初期，用机油乳剂50倍液喷洒干枝，可兼治介壳虫。春梢生长期树上喷洒杀螨剂，可选用1.8%阿维菌素乳油4 000倍液、43%联苯肼酯悬浮剂4 000~5 000倍液或15%哒螨灵乳油2 500倍液等。

十、舟形毛虫

舟形毛虫（图4-10C），又名苹果舟形毛虫、苹掌舟蛾、举尾毛

虫，俗称秋黏虫。国内除新疆、青海、宁夏、甘肃、西藏、贵州无分布记录外，其他省份均有分布。老熟幼虫体长 50 mm 左右，头部黑色、有光泽，胸腹部背面紫褐色，腹面紫红色，身体两侧各有黄色至橙黄色纵条纹 3 条，各体节生有黄色长毛丛[16]。幼虫静止时首尾上翘似叶舟状，故名舟形毛虫。该虫主要为害杏、桃、樱桃、苹果、梨、山楂、李、核桃等果树及多种阔叶林的叶片，低龄幼虫群集叶片背面，将叶片食成半透明纱网状，老龄幼虫蚕食叶片后残留主脉和叶柄，常把全枝甚至全树叶片吃光，严重削弱树势或导致死枝死树。舟形毛虫 1 年发生 1 代，以蛹在果树根部附近约 7 cm 深的土层内越冬。翌年 7 月上旬至 8 月上旬羽化，成虫昼伏夜出，趋光性较强。成虫产卵于叶片背面[16]。初孵幼虫群集一起排列整齐，头朝同一方向取食或静伏休息，受震动后幼虫吐丝下垂，但仍可返回到原先的位置继续为害。幼虫期发生在 8—9 月，故称"秋黏虫"。10 月老熟幼虫入土化蛹越冬。

防治方法：①结合施基肥翻动树盘，将土壤中的越冬蛹翻于地表，使其冻死或被风吹干或被鸟啄食。在幼虫聚集为害期，田间发现后及时人工捕杀。②成虫发生期，田间设置太阳能杀虫灯诱杀成虫，兼杀金龟子、刺蛾、天蛾类害虫。③成虫产卵期，田间释放赤眼蜂使其寄生虫卵。低龄幼虫发生期，喷洒微生物杀虫剂苏云金杆菌或青虫菌。在老熟幼虫入土化蛹期，在树盘浇灌昆虫病原线虫悬浮液。④在幼虫发生数量较大时，可树上喷洒化学农药防治，争取在低龄幼虫期喷药，防治药剂可选用苦参碱、甲维盐、灭幼脲、氯氰菊酯等。

十一、苹小卷叶蛾

苹小卷叶蛾（图 4-11A、图 4-11B），又名苹卷蛾、黄小卷叶蛾，俗称溜皮虫，是为害杏树的一种重要害虫，也为害桃、李、苹果、柑橘、樱桃、樱花、海棠、果桑等多种果树和观赏树木，在国

内广泛分布[17]。苹小卷叶蛾的成虫体长6~8 mm，黄褐色，前翅的前缘向后缘和外缘角有两条浓褐色斜纹，前翅后缘肩角处及前缘近顶角处各有一小的褐色纹[18]。幼虫身体细长，头淡黄色，低龄幼虫黄绿色，老熟幼虫翠绿色。主要以幼虫卷叶为害叶片，幼虫吐丝缀连多个叶片，新叶受害严重，也啃食附近的果实，在果面上形成坑洼，成为残次果。在山东，苹小卷叶蛾1年发生3代。以幼虫在枝干皮缝、贴在树上枯干的叶下、剪锯口等处越冬[18]。春季果树萌芽时幼虫出蛰，为害新芽、嫩叶，坐果后卷叶为害，老熟幼虫在卷叶中结茧化蛹。杏树落叶时，幼虫进入越冬场所。

防治方法：①自杏树开花期，用苹小卷叶蛾性诱捕器监测成虫，当捕获到越冬代成虫后4天，田间人工释放松毛虫赤眼蜂卵卡，隔6天放蜂1次，连续释放4~5次，每公顷放蜂约150万头，可基本控制其为害[18]。②田间发现苹小卷叶蛾虫苞或带有卵块的叶片时，立即摘除灭杀。③在苹小卷叶蛾初孵幼虫期，可喷洒苏云金杆菌药液，也可以喷洒20%虫酰肼悬浮剂1 500倍液或14%氯虫·高氯氟微囊悬浮-悬浮剂3 000倍液。

十二、黑星麦蛾

黑星麦蛾（图4-11C），又名黑星卷叶芽蛾，可为害杏、桃、樱桃、苹果、桃、李等多种果树。成虫体长5~6 mm，体灰褐色，前翅狭长近长方形，中室有2个纵列的黑点。老熟幼虫体长10~11 mm，背线两侧各有3条淡紫红色纵条纹。以幼虫卷叶为害，常数头幼虫吐丝结网，将枝条顶端多个叶片卷成较大虫苞，幼虫潜居虫苞内取食叶肉，残留叶片表皮，后期虫苞干枯。1年发生3~4代，以蛹在树下杂草丛中越冬，翌年4月羽化为成虫，产卵在新叶的叶柄基部，孵化出的幼虫在嫩叶上为害，稍大卷叶为害。幼虫较活泼，受触动吐丝下垂，老熟幼虫在卷叶内结茧化蛹。第一代成虫于6月羽化，以后世代重叠，秋末老熟幼虫下树在杂草等处结茧化蛹越冬。

防治方法：①冬季清除树下杂草，集中起来沤肥。杏树生长期，人工摘虫苞灭杀幼虫。②药剂防治同苹小卷叶蛾。

十三、黄刺蛾

黄刺蛾（图4-12），俗名洋辣子、八角虫，属鳞翅目、刺蛾科。可为害杏、桃、李、樱桃、苹果、枣、核桃、柿等多种果树，也为害多种观赏树木。老熟幼虫体长19~25 mm，身体呈黄绿色，背面有一个哑铃形紫褐色大斑，身体各节有4个枝刺，胸背6个和臀部背面2个枝刺较大。虫茧黑褐色卵圆形，壳坚硬似雀蛋，表面有灰白色不规则纵条纹。以幼虫为害叶片，初孵幼虫群集叶背取食叶肉，形成网状透明斑。幼虫长大后分散开，取食叶片成缺刻，5、6龄幼虫能将全叶吃光仅留叶脉。黄刺蛾以老熟幼虫在树枝上结茧越冬。翌年春末夏初老熟幼虫在茧内化蛹，半月后羽化为成虫。雌蛾产卵于叶片背面，幼虫孵化后直接先食叶肉[19]。

防治方法：①结合冬季修剪，用剪刀刺伤枝条上的越冬虫茧。幼虫发生期，田间发现后及时摘除带虫枝、虫叶，灭杀幼虫。②田间幼虫发生数量大时，可喷洒5%甲氨基阿维菌素苯甲酸盐水分散粒剂6 000倍液或5%氯氰菊酯乳油1 000倍液防治；发生数量少时，可在防治梨小食心虫、卷叶蛾时兼治。

十四、桃剑纹夜蛾

桃剑纹夜蛾又名苹果剑纹夜蛾，国内分布于多个省份。可为害杏、桃、李、樱桃、梨、苹果、枣、核桃、山楂等多种果树和林木，以幼虫取食杏树叶片，低龄幼虫只食叶肉至叶片变成纱网状，幼虫长大后咬食叶片造成孔洞或缺刻。幼虫体形细长，遍体疏生长毛，背部毛黑色，端部白色，稍弯曲。老熟幼虫体长35~40 mm，身体背面有黄色背线，身体两侧有红色的气门线，腹部第1节及尾端第8节上各有一毛疣状突起，腹部第2到第7节各节背面都有1对黑斑，

黑斑内有一大一小白色斑点。

该虫1年发生2~3代，以幼虫在枝干皮缝或以蛹在土壤中越冬。越冬幼虫3—4月开始活动取食，5月下旬为害最重，幼虫老熟后在落叶、近根部土缝及树洞等处化蛹。越冬蛹于5月羽化，成虫夜间活动和产卵于叶面上，单卵散产，孵化出的幼虫即分散为害叶片。各代幼虫发生期大约为5月中下旬、6月下旬至7月上旬、8月中下旬。

防治方法：冬季清园后翻土，可消灭部分越冬虫蛹。田间作业发现幼虫时，可人工捕杀。成虫发生期，田间设置频振杀虫灯诱杀成虫。在防治食心虫和卷叶虫时喷洒化学农药兼治。

十五、黑绒金龟

黑绒金龟又名东方金龟子、天鹅绒金龟子，姬天鹅绒金龟子，国内各地均有发生，可为害杏、李、桃、苹果、榆树、烟草、苎麻等140余种植物。主要以成虫为害杏树嫩芽、新叶和花朵，影响杏树抽枝展叶和开花坐果。成虫对于刚定植的幼树和育苗圃苗木的嫩芽危害更重，幼虫在地下以腐殖质和植物嫩根为食。成虫体长7~10mm，全身黑褐色，体表长有灰黑色短绒毛。成虫飞翔力强，有趋光性和假死性，成虫多在傍晚活动取食。1年发生1代，以成虫在土中越冬，4月中旬出土活动，4月末至6月中旬为成虫发生为害盛期。5月初交配产卵在土壤中，7月中下旬化蛹，8月中旬羽化为成虫进入越夏、越冬。

防治方法：①成虫发生期于傍晚振落捕杀。在成虫发生期可设置黑光灯诱杀之。②苗圃或新植果园中，在成虫出现盛期的下午3时左右，田间插放蘸有4.5%高效氯氟氰菊酯乳油800倍液的榆、柳枝条把，诱杀成虫，可收到良好效果。或给新栽植的幼树套纱网袋和透气塑膜袋，罩住嫩叶。③成虫发生量大时，于太阳下山时树上喷洒菊酯类杀虫剂防治晚间出土的成虫。

十六、铜绿丽金龟

铜绿丽金龟（图4-13），又名铜绿金龟子、青金龟子、淡绿金龟子，俗称"瞎闯子"，在国内多个省份分布，可为害多种果树、林木和农作物。主要以成虫为害杏嫩叶、幼果，嫩叶被害后形成若干孔洞，常导致整株杏树的叶片残缺不全。幼虫多于杏园地下取食杂草根系，在附近玉米、花生、马铃薯等农作物上取食根系和块茎，对杏树影响不明显。铜绿丽金龟的成虫体长19~21 mm，前胸背板及鞘翅铜绿色具闪光，上面有细密刻点，鞘翅每侧具4条纵脉。该虫1年发生1代，以幼虫在土中越冬，翌年5月中旬后做土室化蛹，6月成虫开始出土上树取食为害，7月成虫产卵于果树下或附近农作物田的土壤里，幼虫孵出后取食植物根系，11月幼虫于土中越冬。成虫昼伏夜出，白天潜伏在树下浅土层中，晚上8：00左右开始上树取食和交尾，晚上10：00以后下树，具有假死性和强趋光性，喜好在未腐熟的鸡粪、牛粪等地方产卵。

防治方法：①在杏园内尽量不种植大豆、花生、甘薯等农作物，避免为金龟子幼虫提供适宜食物。田间施用腐熟好的有机肥，防止因施用有机肥将虫卵带入果园。②6—7月，田间设置杀虫灯，晚间8：00—10：00时开灯诱杀成虫。也可以采用糖醋液诱杀，在成虫发生盛期，将白酒、红糖、食醋、水、90%敌百虫晶体按1：3：6：9：1的比例配成糖醋液，装在大塑料瓶（盆）内挂放在树枝上，注意及时捞出虫尸和补加新配置的糖醋液[20]。③幼虫发生期，于杏园土施金龟子绿僵菌寄生幼虫。④成虫发生为害较重时，于太阳下山时树上喷洒菊酯类杀虫剂防治晚间出土上树的成虫。

十七、斑衣蜡蝉

斑衣蜡蝉（图4-13B、图4-13C），俗称花姑娘、花蹦蹦，可为害多种果树和林木，以成虫和若虫刺吸为害新梢、嫩叶和幼果，致使受害部位出现点状或条状伤斑。成虫体长 15~25 mm，翅展 40~50 mm，全身灰褐色，前翅革质，基部约 2/3 为淡褐色，翅面具有 20 个左右的黑点，翅端部约 1/3 为深褐色，后翅膜质、基部鲜红色有黑点。若虫体形似成虫，初孵时白色，后变为黑色，体有许多小白斑，1~3 龄为黑色斑点，4 龄体背呈红色，具有黑白相间的斑点[21]。卵长方形，褐色，长约 5 mm，常 40~50 粒排列成块，上面覆盖土褐色蜡粉。斑衣蜡蝉 1 年发生 1 代。以卵块在树干或附近建筑物上越冬。杏树展叶后若虫孵化，若虫喜欢聚集为害新梢，经 3 次蜕皮羽化为成虫，开始交尾产卵在树干或树枝上。成虫飞翔力较弱，但成虫和若虫均善于跳跃。

防治方法：结合杏树冬季修剪，灭杀杏树及周边树木上的越冬卵块。若虫、成虫发生期，树上喷药防治，选用药剂同蚜虫。

十八、茶翅蝽

茶翅蝽（图 4-14A），俗称臭蝽、臭大姐等，很多省份有分布。寄主广、食性杂，主要刺吸为害杏、桃、樱桃、苹果、梨、山楂、枣等多种果树的果实，导致果实生长不均，长成果面凹凸不平的畸形果，刺吸点果肉木栓化。茶翅蝽的成虫灰褐色，身体扁椭圆形，体长约 15 mm，宽约 8 mm，复眼黑色球形，褐色丝状触角 5 节，第四节两端及第五节基部均为黄白色，身体前胸背板前缘有 4 个黄褐色横列斑，小盾片基部有 5 个小黄斑，前翅革质有黑褐色刻点。若虫体形似成虫，无翅，腹部背面各节边缘及中部背缘两侧各有 1 个黑斑。卵灰白色圆筒状，常多粒排列成块状，近孵化时卵变成黑褐色。由于成虫和若虫身体受到外力刺激时分泌臭味，故名臭大姐。

茶翅蝽在山东省 1 年发生 1 代。以成虫在墙缝、屋檐下、石缝里或进入房间内越冬。杏树谢花后越冬成虫开始活动，迁飞到果园刺吸果实汁液，之后交尾并产卵，成虫寿命较长。6—8 月为产卵期，孵化出的若虫即可为害杏果，逐步长大发育成为成虫。10—11 月，成虫进入越冬场所。

防治方法：秋冬季节，在杏园内及附近的建筑物内，尤其是屋檐下常集中大量成虫，可进行人工捕杀。田间发现卵块时立即摘除灭杀。在成虫产卵初期，田间释放平腹小蜂使其寄生茶翅蝽卵，间隔1周后再释放1次，可有效降低茶翅蝽数量。

十九、桑白蚧

桑白蚧（图4-14B），是为害杏树、桃树、樱桃、李子等核果类果树枝干的重要害虫，也为害桑、柳、核桃等林木。受害杏树生长衰弱，影响开花结实，严重者可导致枝干或全树死亡。该虫体比较小，雌成虫体扁平卵圆形，长约1 mm，体色橙黄至橙红色；雌蚧壳近圆形，灰白色，直径2~2.5 mm，蚧壳中央略隆起，上有螺旋纹。此虫由北向南1年发生2~5代，以受精雌成虫在杏树枝干上固着越冬。次年春季杏树发芽后，越冬雌虫产卵于蚧壳下。在山东省杏园，5月发生第1代若虫，初孵若虫从母体蚧壳下爬出到枝条上寻找适宜的取食位置，此时是喷药防治桑白蚧的关键时期。初孵若虫经1周左右，并分泌白色蜡粉覆盖于体表，逐渐形成蚧壳，若此时喷药防治就比较困难。7~8月，出现第二代若虫，杏果已经采收，这是喷药防治的第2个关键时期，可有效控制田间虫量。

防治方法：①秋冬季树干涂白，可有效防治在主干和主枝上的越冬介壳虫。②虫体固着在枝条表面，虫量密度大时可使枝条呈灰白色，很容易判断，可以在修剪杏树时剪除虫枝，带出园外集中处理。也可以用毛刷沾洗衣粉水液刷除枝干上的蚧。③春季杏树芽萌动前，树上喷洒矿物油乳剂或5波美度石硫合剂。在若虫发生期，选用触杀性强的5%氯氰菊脂800倍液或内吸性强的噻虫嗪进行喷洒防治，最好每年在杏收获后喷洒1次杀虫剂+杀菌剂防治树体上的病虫，减轻次年病虫来源，并能保证果品质量安全。

二十、朝鲜球蜡蚧

朝鲜球蜡蚧（图4-14C），又名杏球蚧、桃球蚧，在国内分布广泛，主要为害桃、杏、李、樱桃等果树枝干，被害枝条生长衰弱，严重时枯死。雌成虫体近球形，直径约4 mm，高3.5 mm，蚧壳红褐至黑褐色，表面有皱状小点。1年发生1代，以2龄若虫在小枝条上覆盖于灰白色蜡层下越冬。杏树发芽时开始活动，爬到枝条上群集固着在枝条上刺吸汁液，虫体逐渐长大发育成成虫。雌成虫背部膨大呈近球形蚧壳，并产卵于蚧壳下。初孵化的若虫从母体蚧壳下爬出，分散到枝条上固着为害，此期为喷药防治此虫的关键时期。随着虫体长大和表面分泌蜡质层覆盖保护，耐药性增强。10月上旬开始进入越冬状态。

防治方法：早春杏树芽萌动前，喷布5波美度的石硫合剂或矿物油乳剂；初孵若虫期，树上喷洒5%氯氰菊酯乳油800~1 000倍液防治。注意杏果收获前半月停止喷药。

二十一、草履蚧

草履蚧，又名树虱子、草鞋虫等，食性很杂，可为害杏、樱桃、苹果、核桃、枣、玉兰、樱花等多种果树和林木。草履蚧以若虫和雌成虫刺吸嫩芽、枝干的汁液，削弱树势，影响产量和品质。雌成虫扁椭圆形，背部隆起，背面有横褶皱，被有薄层白粉，周缘和腹面黄色[22]。若虫长卵形，灰褐色。1年发生1代，以若虫和卵在树木附近草丛土里、石块下、墙缝内越冬。次年杏树萌芽期即可出蛰活动，沿树干爬行上树，为害枝、芽和果，5月，为害严重，5月下旬至6月上旬雌成虫开始下树寻找越冬场所进行产卵。

防治方法：结合清园和施肥翻土破坏越冬场所。春节过后，在树干上绑扎粘虫胶带阻隔，在其爬行上树期使用杀虫剂喷洒树干。可利用天敌防治，红环瓢虫是草履蚧的天敌，其1年发生1代，发生活动期基本与草履蚧同步，对草履蚧具有良好的控制效果。

二十二、黑蚱蝉

黑蚱蝉（图4-15），又名知了，俗称知了猴（龟），可为害杏、桃、苹果、榆、杨等多种果树和林木。雌成虫在当年生枝条上刺破树皮产卵，使枝条皮下木质部呈斜线状裂口，严重影响水分和养分的输送，造成产卵部位以上枝梢干枯死亡。其成虫体长40~48 mm，全体黑色有光泽，中胸背面宽大，中央高突，有"X"形突起，前后翅透明，基部翅脉金黄色。若虫体黄褐色，有光泽，前足发达，有齿刺，便于爬行上树。该虫4~5年完成1代，以卵和若虫分别在被害枝条内和土壤中越冬。当夏季平均气温达22 ℃以上，老龄若虫于夜晚从土壤中爬出地面，顺树干爬行，当晚蜕皮羽化出成虫。雌成虫7—8月先刺吸树木汁液补充身体营养，之后交尾产卵，产卵孔排列成一长串，每卵孔内有卵5~8粒。

防治方法：秋季剪除产卵枯梢，冬季结合修剪，再彻底剪净卵枝，集中烧毁。老熟若虫出土期，在树干下部绑1条10 cm宽的塑料薄膜带，上端向下翻折，拦截出土上树羽化的若虫，傍晚或清晨进行捕捉。

二十三、红颈天牛

红颈天牛（图4-16），在国内绝大部分省区有分布，钻蛀为害杏、桃、李、梅、樱桃、樱花、紫叶李等树木的枝干，导致树势急剧衰弱，甚至枯死，为害所造成的伤口容易感染各种枝干病害。成虫体长26~37 mm，黑色有光泽，前胸背面红色，两侧缘各有1个刺状突起，触角长丝状。在中国北方2年完成1代，以幼虫在枝干蛀道内越冬，杏树开花期开始活动为害、化蛹，6月下旬至7月中旬为成虫发生高峰期，晴天中午常静息在枝干上交配。成虫产卵在离地表约1.2 m处的主枝或主干表皮裂缝处。卵经15天左右孵化，孵出

第四章 杏树病虫害及防控要点

的幼虫直接在皮下蛀食为害,蛀道呈弯曲状,其内取食的幼虫不断向蛀孔外排出大量木屑状粪便。

防治方法:①果树生长季节,于田间查找新虫粪排出孔,用铁丝钩掏杀蛀孔内的幼虫。成虫发生期于中午捕杀成虫。②生物防治可用昆虫病原线虫液灌注蛀孔,使线虫寄生幼虫。③成虫发生期,用3%高效氯氰菊酯微囊悬浮剂500~1 000倍液喷洒枝干,10天后再喷1次。

二十四、多毛小蠹

多毛小蠹(图4-17),又称桃小蠹甲,多毛小蠹虫,是杏树的一种毁灭性害虫,主要为害杏、巴旦、桃、李、樱桃、榆树等树木枝干,在国内杏产区广泛分布。常以多头幼虫聚集在寄主韧皮部和木质部之间取食为害,导致韧皮部与木质部分离,阻碍水分和养分输送,最终导致主干或枝干死亡,严重者大量死树毁园。一般从老弱树主干部开始蛀干为害,逐步向上扩展到上部主枝,树皮上出现多个圆形虫孔并伴随流胶,树势逐渐衰弱直至干枯死亡。

多毛小蠹成虫体长2.0~3.5 mm,宽1.0~1.7 mm,体深褐色,鞘翅上有明显刻点组成的条纹,表面有光泽,被有少量短绒毛。老龄幼虫体长4.0~5.4 mm,体色乳白至淡黄,头和口器棕色,胸部较粗,休眠时身体卷缩成"C"字状。该虫1年发生2~3代,以不同龄期幼虫在蛀食的子坑道内越冬。越冬幼虫早春气温上升达10 ℃以上时开始活动取食,逐渐发育为老熟幼虫并在坑道内化蛹。15 ℃时开始羽化为成虫,各代成虫活动高峰期分别在4月下旬、6月下旬、7月下旬和8月中旬,此期是树干喷药适期[23]。成虫的寿命可长达30天,导致多毛小蠹世代重叠严重。小蠹成虫飞翔力弱,雌成虫羽化后立即就近寻找合适的枝干蛀孔产卵,雌虫将卵产在隧道的两侧,特别是喜欢在有腐烂病、伤口的衰弱枝干上产卵,幼虫孵化后在隧道的两侧钻蛀为害。

防治方法：①加强检疫。多毛小蠹能随苗木、木材传播，特别是大树移植，在苗木调运中，采取检疫措施，以防止其远距离传播。②清除虫源。越冬代成虫羽化前将被害的死树、死枝、枯死的衰弱枝和园内的修剪树枝清除、剥皮、烧毁或粉碎沤肥。③饵木诱杀。成虫羽化初期（4月下旬），在被害树和附近健康树的大枝杈上放置饵木（用锯下的杏树大枝），引诱成虫产卵，化蛹前将饵木烧毁或粉碎沤肥[24]。④枝干喷药。各代成虫羽化盛期，分别用3%高效氯氰菊酯微囊悬浮剂600~800倍液对主干和主枝进行喷药消灭成虫，或用上述药剂与细土和成药泥涂抹树干。

参考文献：

[1] 杨爱军，王娜，黄红梅．杏树病虫害发生及防治．农村科技，2007（11）：20-21.

[2] 娄秀琴．杏树栽培管理技术．河南农业，2009（18）：57-58.

[3] 张红伟，刘晓宁，幺明松，等．桃树主要病虫害的发生及防治．天津农林科技，2010（4）：21-22

[4] 马春永，李建队．杏树细菌性穿孔病防治技术．现代农村科技，2014（8）：26.

[5] 杨超，邵云华，沈冠华，等．李褐斑穿孔病的发生与防治．落叶果树，2006（3）：38-39.

[6] 贺春祥，兰彩莉，王辉，等．苹果褐斑病发生规律及相关气象因子调查研究．西北园艺，2024（8）：63-66.

[7] 龚莉，杨春仓，田玲，等．山西大同杏树主要病虫害的发生及综合防控．果树实用技术与信息，2024（11）：43-46.

[8] 白晓红，韩微，常小花，等．大荔县柿树炭疽病的发生与防治．河北农业科技，2008（14）：23.

[9] 李修芹,王洪占,王修忠.杏树主要病害防治技术.植物医生,2014,27(4):15-16.

[10] 杨海菊,郭宏伟,吴育红,等.桃树主要病害发生规律与防治方法.河北林业,2010(5):39,41.

[11] 赵新士,沈玉华,刘秋华,等.柿根癌病及白纹羽病的发生及防治.现代农村科技,2011(2):28-29.

[12] 郭利民.40%比本胜乳油防治杏象甲田间药效试验.林业实用技术,2006(11):25-26.

[13] 孙瑞红,姜莉莉,王圣楠,等.山东省桃树重要害虫的监测与防控.落叶果树,2020,52(3):36-39.

[14] 王克有,付生辉.桃树主要病虫害的综合防治技术.中国园艺学会桃分会第二届学术年会论文集,2009.

[15] 张红伟,刘晓宁,幺明松,等.桃树主要病虫害的发生及防治.天津农林科技,2010(4):21-22.

[16] 郭晓成,王养利.大樱桃栽培新技术.杨凌:西北农林科技大学出版社,2005.

[17] 孙丽娜,孙瑞红,仇贵生,等.相对湿度对苹小卷叶蛾实验种群的影响.应用生态学报,2014,25(12):3587-3592.

[18] 胡慧芳.紫叶桃主要病虫害治理措施.植物医生,2012,25(1):22-24.

[19] 胥付生.梨黄刺蛾的发生为害与防治技术.华中昆虫研究,2014,10:203-204.

[20] 李雪峰.冀北部地区山杏主要病虫害绿色防控技术.河北果树,2024(2):26,28.

[21] 杨春兰.根部埋药法对椿树斑衣蜡蝉防治效果研究.北方园艺,2014(11):111-113.

[22] 袁文焕.草履蚧病虫害综合防治技术.现代园林,2006

(11): 61.
[23] 李江霖, 张涛, 李新唐, 等. 新疆果树多毛小蠹生物学特性及防治. 植物保护, 1995 (1): 8-10.
[24] 古丽先·克里木. 轮台白杏主要虫害的危害规律及防治方法. 林业实用技术, 2007 (2): 24.

第五章 杏病虫害综合防控技术

第一节 杏树害虫的监测预报

上一章已经介绍了穿孔病、杏仁蜂等主要病虫害。根据病虫害发生规律来抓住田间关键防治时机极为重要，药剂的防治效果与关键防治时机尤为相关。时间早了，杏仁蜂、桃蛀螟等害虫还没有出来为害，害虫无法接触到药剂，达不到应有的防治作用；喷药晚了，杏仁蜂、桃蛀螟等蛀果害虫已进入果实内部，农药亦难于触及害虫发挥作用。因此，进行果园虫害防治，要掌握好杏仁蜂等主要害虫的防治关键时期。可以利用在杏树上挂粘虫板、性诱捕器的方法监测和预报害虫发生时间，进而做出决策，进行药剂防治。下面介绍用黄色和白色粘虫板监测害虫（杏仁蜂和叶蝉）的试验。

田间挂放试验白色、黑色、黄色、红色、浅红色、蓝色、浅蓝色、绿色、灰色和雪青色这10种不同颜色的粘虫板诱集监测杏仁蜂等害虫成虫（图5-1），发现黄色和绿色粘虫板诱集杏园叶蝉的效果

好（表5-1），仅在白色粘虫板上发现杏仁蜂成虫[1]。基于上述试验结果，并考虑到杏仁蜂成虫具有趋黄色的习性[2]，因此，建议在果园中挂黄色和白色两种粘虫板监测害虫，根据杏仁蜂等害虫发生情况适时进行药剂防治。

表5-1 10种颜色粘虫板对桃一点叶蝉的粘虫量 （单位：头）

粘虫板颜色	重复1	重复2	重复3	重复4	粘虫平均数
黄板	1 422	1 038	961	770	1 048
绿板	304	1 268	943	456	743
蓝板	222	222	101	126	168
深红板	232	109	166	98	151
浅红板	136	189	107	160	148
雪青色板	86	181	198	111	144
灰板	145	84	101	206	134
白板	90	117	104	182	123
浅蓝板	127	51	99	88	91
黑板	48	26	53	43	43

对于梨小食心虫、桃蛀螟、苹小卷叶蛾等害虫，由于目前市场上具有专门的性引诱剂，建议采用性引诱剂+三角诱捕器来监测虫情。随着智慧果业的发展，性引诱剂+智能监测设备监测和预报虫情将更加便捷、高效。

第二节　杏幼树病虫害防控

与成龄树相比，新建杏园幼树一般生长健壮，杏园中的病虫种类少、基数小，防治相对容易。根据山东省果树研究所万吉山基地

杏园幼树病虫害的多年防治经验，病虫害防控要点是：①筛选高效防治药剂。②掌握关键防治时期。③冬季清洁果园；夏季发现杏仁蜂、梨小食心虫等害虫危害的果实、叶片、新梢等，及时收集并移走，集中灭杀。在实施农业、物理等防控措施的基础上，一般每年在幼果期喷洒一次药液进行防控，个别植株出现红蜘蛛时，单独喷药防治；有些树在出现桑白蚧时，单独喷药防治；杏仁蜂、梨小食心虫等害虫发生严重的杏园，一年可在幼果期喷2次药进行防控。

一、杏树病虫害综合防控药剂的筛选

2011—2014年进行了药剂防控筛选试验，简要介绍山东省果树研究所万吉山基地杏园幼树病虫害防治药剂试验过程，试验表明，除了选好药剂外，防治时机同样重要。

2011年，山东省果树研究所万吉山基地杏园，张坤鹏等[2]观察杏仁蜂的发生习性，发现成虫发生期为4月中下旬，成虫具有趋光和趋黄色习性；通过对9种杀虫剂进行对比试验，筛选出高效低毒型杀虫剂2.5%高效氯氟氰菊酯乳油2 000倍液和1.8%阿维菌素乳油4 000倍液用于田间防治杏仁蜂；武海斌等[3]试验发现以3%啶虫脒乳油2 000倍液防治蚜虫效果好。

2011年，泰安市大陡村12亩杏园，杏仁蜂为害果实约占10%[1]。2012年，采用推荐的2.5%高效氯氟氰菊酯乳油2 000倍液喷药1次，完全控制了杏仁蜂为害。

2012年，为进一步了解杏仁蜂为害杏树情况，山东省果树研究所万吉山基地杏树未进行药剂防治杏仁蜂，结果发现杏仁蜂危害较重。受杏仁蜂危害重的3株树，杏仁蜂为害果实达到18.3%~24.6%；受害轻的一般植株，杏仁蜂为害果实也达到2.9%~5.2%[1]。

2013年，山东省果树研究所万吉山基地杏园，用2.5%高效氯氟氰菊酯乳油和5%阿维菌素乳油进行药剂防治，但由于喷施时间晚，防治效果并不理想[1]，杏仁蜂为害果多，分析表明该虫害防治时机很重要。在果园带队干活的老周看到这么多虫害果,就将杏果实喂羊了,也就帮助清走了害虫虫源。

2014年,为了掌握好喷药防控时机,在山东省果树研究所万吉山基地杏树上挂彩色粘虫板监测害虫。4月1日,鉴于桃一点叶蝉发生严重(表5-1)[1],喷施3%啶虫脒乳油1 600倍、2.5%高效氯氟氰菊酯乳油1 500倍和20%灭幼脲悬浮剂1 000倍药剂混合液,结果完全控制了叶蝉为害,但仍然监测到杏仁蜂成虫[1],可能是药剂防治时有些杏仁蜂成虫还没有羽化出来,对于防控杏仁蜂来说喷药时间有点早了,再次说明防治时机很重要。4月8日发现杏仁蜂后,及时喷施1遍4.5%高效氯氰菊酯乳油1 500倍、5%阿维菌素乳油4 000倍和70%甲基硫菌灵可湿性粉剂800倍混合液,果实成熟时检查未发现有杏仁蜂为害[1],说明2014年杏仁蜂的这次防治措施是有效的,防治时机是合适的,这个时机大约是杏果实生长至花生米大小的时间,具体到山东果树研究所万吉山试验基地,在每年4月8日前后。另外,其防治效果好,也可能与2013年将杏仁蜂危害的果实全部移走、显著减少虫源基数有关。

农业农村部批准发布的国家农业行业标准《绿色食品农药使用准则》(NY/T 393—2020)2020年11月1日开始实施,前面提到的甲基硫菌灵、吡虫啉、啶虫脒、高效氯氰菊酯、甲氨基阿维菌素苯甲酸盐、灭幼脲和后面将要提到的螺螨酯、噻虫嗪都在A级绿色食品生产允许使用的农药清单中。由于高效氯氟氰菊酯不在A级绿色食品生产允许使用的农药清单中,从生产绿色食品着眼,不建议今后再用高效氯氟氰菊酯防治杏仁蜂等害虫。

二、杏树病虫害综合防控

基于2011—2014年的多年试验结果,2015年提出了综合防控杏树病虫害的药剂组合,2015年以后多年的防控效果均良好。

筛选的药剂组合:3%啶虫脒乳油1 600倍、4.5%高效氯氰菊酯

乳油1 500倍、1.8%阿维菌素乳油4 000倍和70%甲基硫菌灵800倍混合液[4]，该组合可以同时防治褐斑穿孔病、炭疽病、蚜虫、叶蝉、杏仁蜂、梨小食心虫、卷叶蛾、毛虫、介壳虫等多种病虫害。2015—2022年，山东省果树研究所万吉山试验基地杏园，在每年4月8日左右、杏果实达到花生米大小时喷药1次，这个药剂组合可有效控制杏仁蜂、桃一点叶蝉、穿孔病等病虫害，未再发现杏仁蜂为害果实。

这个药剂组合不仅仅是防治效果好，生产的杏果农药残留少也是其显著优点。由于早期喷药防治病虫害时杏果实很小，只有花生米大小，喷到果实上的农药少，并且由于喷药时间早，早期喷到果实上的少量农药有较长降解时间[1]。因此，与其他水果相比，采用上述防控措施生产的杏应该是果实农药残留很少的水果。

防治时机：谢花后立即用黄色和白色粘虫板挂树上监测害虫，发现杏仁蜂成虫后，及时喷药防治。对于一个具体果园，经过1~2年掌握规律后，可根据经验确定防治日期。例如，具体到山东省果树研究所万吉山试验基地杏园，防治时机大约是杏果达到花生米大小的时候，在每年4月8日前后。

注意事项：特别注意掌握好喷药时期，喷药时全树包括主干、主枝枝干都要喷到，不同年份可交替使用啶虫脒、吡虫啉、螺虫乙酯等进行蚜虫防治，发现杏仁蜂危害的果实，及时从杏园移走并进行灭虫处理。每年春季芽萌动前，树体主干涂石硫合剂保护。

三、杏仁蜂危害严重杏园的病虫防控

随着我国城市的快速发展，在城市周边有许多杏树疏于管理，这些杏树往往成为杏仁蜂等害虫的发源传播地。泰安市大陡村2011年其杏园杏仁蜂为害果率达到10%左右[1]。如前所述，2012年作者研究团队的调查结果表明，山东省果树研究所万吉山试验基地杏园杏仁蜂为害果率达到2.9%~24.6%。因此，在城市周边发展杏树时

要注意防治杏仁蜂等害虫。杏仁蜂等害虫为害严重的杏园，可喷施两遍药进行防治。参考往年经验在杏仁蜂初始发生期结合防治其他害虫，喷施1遍4.5%高效氯氰菊酯乳油1 500倍和20%灭幼脲悬浮剂2 000倍液进行控制和预防，同时，挂粘板监测杏仁蜂成虫，发现杏仁蜂后，再及时喷施4.5%高效氯氰菊酯乳油1 500倍和1.8%阿维菌素乳油4 000倍混合液进行防治，可有效控制杏仁蜂为害[1]。另外，注意要尽力从杏园移走杏仁蜂虫果。

高效氯氰菊酯是防治杏仁蜂的主要药剂，为增强药剂的持久防治效果，喷药时加入阿维菌素（或灭幼脲）。两次喷药使用不同药剂，也是为了避免药剂抗性。喷药时混合使用其他药剂如3%啶虫脒乳油1 600倍和70%甲基硫菌灵可湿性粉剂800倍混合液[4]，可同时控制病害和其他虫害，如褐斑穿孔病、叶蝉、蚜虫、介壳虫等。

四、个别病虫害的单独防控

介壳虫：发现介壳虫时，可于杏树芽萌动前，用99%矿物油乳剂100倍+50%氟啶虫胺腈分散粒剂（可立施）15 000倍混合液喷枝干防治；或者用99%矿物油乳剂100倍+25%噻虫嗪水分散粒剂3 000倍混合液喷枝干防治。注意喷药要对准主干、枝干受害部位喷施。

红蜘蛛：发现红蜘蛛时，可用20%阿维·螺螨酯悬浮剂4 000倍液或15%哒螨灵乳油2 000倍液防治。注意喷药要对准树上受害叶片背面喷施。

舟形毛虫：发现为害叶片的舟形毛虫时，可用4.5%高效氯氰菊酯乳油1 500倍喷洒树冠防治。

另外，可选用5%甲氨基阿维菌素苯甲酸盐悬浮剂2 000倍液、15%茚虫威悬浮剂4 000倍液等防治食心虫类害虫，兼治毛虫、刺蛾等鳞翅目害虫；选用325 g/L苯甲·嘧菌酯悬浮剂1 500~2 000倍液、20%噻唑锌悬浮剂300~500倍液等防治穿孔病，兼治炭疽病、疮痂病、红点病等。

第五章 杏病虫害综合防控技术

在山东省果树研究所万吉山试验基地杏园，综合防控喷药后，对一些幼树进行了个别病虫害防治，如红蜘蛛、舟形毛虫、介壳虫和流胶病。

有一株杏树发生流胶病，将发病部位病斑刮除，发病部位周边树皮刮至露出绿色形成层，在2天之内喷施70%甲基硫菌灵可湿性粉剂300倍液3遍，发病部位愈合。新泰市杏树种植者方立章介绍，将发病部位病斑刮除后，将杀菌剂拌入猪大油涂抹在发病部位，可防治流胶病。

第三节 杏成龄树病虫害防治

与幼树相比，成龄树杏园中的病虫种类增多、基数增大，需要防治的病虫害种类不断增多，防治难度增大。特别是枝干病虫害开始发生，随树龄增加越来越重，甚至是毁灭性的。例如，山东省果树研究所万吉山试验基地杏园出现了桃红颈天牛、多毛小蠹虫，这两种蛀干害虫的为害造成伤口和树势衰弱，有些树死亡。

根据山东省果树研究所万吉山试验基地杏园杏树病虫害的多年防治经验，防控要点：①发现杏仁蜂、桃蛀螟、象甲、梨小食心虫等害虫危害的果实，及时清理出园、灭杀果内幼虫。②优先采取农业、生物、物理防治方法，科学利用化学防治。③根据国家绿色农产品生产要求，筛选高效、低毒、低残留的绿色防治药剂，掌握好施药方法和用药量。目前，国家在杏树上登记的农药产品很少，根据生产需要，将来陆续会有一些农药在杏树上进行登记，可以在中国农药信息网上查询。④做好田间病虫发生时间和发生程度监测，掌握好每种病虫的关键防治时期，选用高效施药器械精准防控。在杏幼果生长到花生米大小时，利用高压机动喷雾器全园喷施1遍

· 75 ·

4.5%高效氯氰菊酯乳油1 500倍+3%啶虫脒乳油1 600倍+1.8%阿维菌素乳油4 000倍+70%甲基硫菌灵可湿性粉剂800倍混合液,可以做到"一喷多防",对褐斑穿孔病、杏仁蜂、蚜虫、桃一点叶蝉、梨小食心虫、红蜘蛛等病虫害均有较好防治效果,喷药时全树包括主干、主枝和叶果都要喷到。

春季芽萌动前,对于介壳虫不发生或数量很少时,全园喷洒1遍5波美度石硫合剂。对于介壳虫发生量较大的杏园,可在春季杏树芽萌动前,用99%矿物油乳剂100倍+50%氟啶虫胺腈分散粒剂(可立施)15 000倍混合液喷洒枝干防治。杏树展叶后发现红蜘蛛时,可用20%阿维·螺螨酯悬浮剂4 000倍液或15%哒螨灵乳油2 000倍液防治红蜘蛛,注意喷药要对准树上受害叶片背面喷施。

针对桃红颈天牛和多毛小蠹,一定做好田间肥水和修剪管理,增强树势抵御侵害。时常检查杏树和周边林果树枝干上是否有桃红颈天牛、多毛小蠹发生为害。一旦发现立即采取防治措施,及时消灭虫源,防止扩展至杏树上为害。

发现其他病虫害时,采用第四章介绍的各种病虫害防治方法进行防治。

参考文献:

[1] 苑克俊,王培久,武海斌,等.不同颜色粘板的诱虫效果与杏园害虫防治探讨.中国园艺文摘,2014(10):48,99.

[2] 张坤鹏,于欣,杨福,等.杏仁蜂成虫习性观察和防治药剂研究.农药,2011(12):926-928.

[3] 武海斌、张坤鹏、杨福,等.3种杀虫剂对杏树桃粉大尾蚜的防治试验.农药,2012(1):66-67.

[4] 苑克俊,牛庆霖,秦志华,等.杏晚熟鲜食制干兼用新品种美华的选育.中国果树,2022(9):60-62.

附　录

附录一　新品种杏简易塑膜大棚栽培试验

　　杏树保护地栽培采用的大棚通常是冬暖式大棚，可以比露地大田栽培提前30天上市，市场价格高，经济效益好。但冬暖式大棚要达到在冬季能调节控制温度的目标，建设成本高，日常管理工作繁重，一般在每年12月前不扣大棚膜以满足杏的需冷量，12月扣棚膜之后每个发育阶段（特别是花期）需要按照要求严格控制温度[1]。春暖式大棚，每年同样需要揭开大棚膜以满足杏的需冷量，扣棚膜控制温度，但一般不用草苫或棉被等保温材料，主要是通过通风、生火来调节棚内温度；通过通风、喷水来调节湿度[2-3]。这里介绍一种春暖式简易塑料薄膜大棚，不需要每年揭去大棚膜和重新扣棚膜等操作措施，通过设计大棚两侧和顶部的通风窗，在通常情况下只需要开启或者关闭通风天窗和通风侧窗[4]。

一、塑料薄膜大棚

2014 年建大棚，由大棚支架及棚膜、通风天窗、两个通风侧窗、通风窗卷膜器、卷膜器的固定立杆、压膜绳及地栓、防鸟网和两个大棚门构成（附图 1-1）[4]。由 1.5 cm 和 2.0 cm 规格镀锌圆形钢管焊接成大棚支架，大棚长 37 m，宽 8.2 m，大棚支架上部为拱形体框架结构、下部为方体框架结构，大棚支架顶面、端面和侧面上固定盖有棚膜，两个端面棚膜上均开设有棚门，高 2.0 m，宽 0.95 m，大棚顶部沿大棚走向开设有通风天窗，通风天窗宽 50 cm、长度 35 m；大棚两侧上部沿大棚走向均开设有通风侧窗，通风侧窗高 85 cm、长度 34.4 m，达到大棚长度 90% 以上[4]。

通风天窗、通风侧窗上均固定设置防鸟网，通风天窗、通风侧窗、棚门的四周设置压膜槽，压膜槽用于将棚膜边缘压入其内以固定棚膜边缘，防鸟网固定在压膜槽内，顶面和侧面棚膜上设置若干条压膜绳，压膜绳缚住顶面和侧面棚膜，每条压膜绳的两端固定在地栓上，地栓埋入土中用石块和水泥固定，大棚一端固定设置有通风天窗和两个通风侧窗卷膜器，卷膜器上卷绕有通风窗棚膜，卷膜器通过控制其上的通风窗棚膜向上卷起和向下展开，实现对通风天窗和两个通风侧窗的开启、关闭或开启度[4]。注意，这种简易塑膜大棚的一个优点是，能防止鸟类为害，但不影响蜜蜂进行辅助授粉。

二、短期控温试验

对花期前 30 天部分时期的棚内温度进行人工控制，其他时期对棚内温度不进行人工控制，这种短期控温的大棚栽培模式，对于减轻日常管理工作以及了解温度与花期的关系具有实际意义。下面比较了这种模式塑膜大棚栽培杏和露地大田栽培杏的试验结果。

2015 年，进行短期控温试验。控温之前提前浇水，树下覆盖黑色地膜，在花期前 30 天（2015 年 2 月 20 日开始），每天上午开启通

风侧窗、下午关闭通风侧窗提高地温,并记录大棚内气温、地温和露地大田地温[4]。

2月20日—3月9日,非阴雨天时,白天9:40—10:20开启、15:40—16:20关闭通风侧窗;3月10日—3月19日,非阴雨天时,白天8:30—9:30开启、16:30—17:30关闭通风侧窗。开启通风侧窗期间大棚内气温监测:上午14.5~24.0 ℃,下午13.0~21.0 ℃,开启通风侧窗前气温最低5.5 ℃;关闭通风侧窗后气温最高24.0 ℃;大棚内地温上午5.8~17.1 ℃,下午13.7~18.8 ℃;大棚内地温比露地大田地温上午高1.0~3.0 ℃、下午高3.0~7.3 ℃[4]。上述结果表明,大棚内气温和地温维持在杏树生长发育的适宜温度范围内,大棚内地温比露地大田地温高,具有能更早产杏的温度条件。通风侧窗的开启时间是非常重要的,通风侧窗开启时间过晚,大棚内气温不在杏树生长发育的适宜温度范围内。例如,2月21日、2月25日和3月3日在10:48以后开启通风侧窗,大棚内气温达到28.0~32.0 ℃;3月13日在10:00开启通风侧窗,大棚内气温达到27.0~28.0 ℃。通风侧窗关闭后,大棚内的气温上升很快。例如,2月26日15:50关闭时气温17.5~18.0 ℃,关闭后仅15 min,16:05气温上升到23.0~24.0 ℃;3月5日15:45关闭时气温13.0~13.5 ℃,关闭后仅18 min,16:03气温上升到18.0~18.5 ℃[4]。因此,通风侧窗的关闭时间也是非常重要的,正确的关闭时间应该是关闭后大棚内的气温不能超出杏树生长发育的温度范围。

众所周知,在杏树生长发育的适宜温度范围内,杏树要达到一定的发育阶段需要一定的积温。试验结果表明,花期前30天,上午棚内地温12天积温107.3 ℃,棚外地温12天积温82.3 ℃,棚内日平均地温8.94 ℃,棚内地温要达到棚外地温12天积温,仅需要9.2天,故要达到棚外地温30天的积温,仅需要23天[4]。花期前30天,下午棚内地温10天积温155.0 ℃,棚外地温10 ℃积温99.7 ℃,棚内日平均地温15.5 ℃,棚内地温要达到棚外地温10天的积温,

仅需要6.4天,故要达到棚外地温30天的积温,仅需要19天[4]。这说明,采取树下覆盖黑色地膜、花期前30天,白天在特定时间段开启和关闭通风侧窗提高地温的简单控制措施,从积温看大棚栽培杏比露地大田栽培杏能够提早7~11天开花和成熟。当然,大棚栽培杏的成熟期还会受到其他时期大棚内气温和地温的影响。试验结果还表明,花期遇到低温时,关闭通风天窗和通风侧窗防止冻害的效果不理想,可能是大棚内的空气长时间在低温状态且不流动引起的,类似低洼处集聚不流动的冷空气引起冻害。因此,花期遇到低温时的解决办法还是通过生火等措施来提升棚内温度。山东省果树研究所万吉山试验基地因为地处泰山景区内,不能采取生火等措施来提升棚内温度。

三、新品种杏自然控温栽培试验

以新品种'英华'为试验对象,2016年和2017年进行自然控温栽培试验,2017年试验前还进行改造加大了通风天窗宽度,通常情况下通风天窗和通风侧窗开启,不专门进行控温管理,仅在遇到低温天气时将通风天窗和通风侧窗关闭。但注意,花期和幼果期遇到低温关闭通风天窗和通风侧窗时,要注意采取措施提升棚内温度,防止冻害。肥水栽培管理措施与大田栽培相同,在落叶后至芽萌动前施基肥,在芽萌动前或者幼果期施化肥;芽萌动前和果实膨大期注意浇水灌溉,坐果多时幼果期注意疏果。

2017年,'英华'大棚栽培杏在自然控温条件下3月11日开花50%,露地大田栽培杏3月17日开花53%,大棚栽培杏花期提前6天[4]。前面提到,采取花期前30天白天在特定时间段开启和关闭通风侧窗提高地温的简单控制措施,从积温看大棚栽培杏比露地大田栽培杏能够提早7~11天开花。这里未采取任何人工控温措施,大棚栽培杏花期提前6天,效果是可以的。

试验结果表明,5月20日'英华'大棚栽培杏果实硬度4.00

kg/cm，大田栽培杏果实硬度 4.90 kg/cm，大棚栽培杏硬度低，提早 2~3 天成熟，单果重大，果实可溶性固形物含量高，果面漂亮（附表 1-1）[4]。大棚栽培杏比大田栽培杏单果重，主要原因是测定时大棚栽培杏比大田栽培杏果实发育期长，也可能是由于果实发育期大棚内的气温和地温较高，并且在杏树生长发育的适宜温度范围内。2016 年的试验结果相同，大棚栽培'英华'杏果实硬度低，提前 3 天成熟，单果重大，果实可溶性固形物含量高[4]。初步试验结果表明，通过设计大棚两侧和顶部的通风窗，通常情况下对棚内温湿度不进行人工控制是可行的，'英华'杏适合简易塑膜大棚栽培，能比大田栽培提前 2~3 天成熟，延长杏果实的市场供应期，并且果实较大。试验结果还表明，'英华'单株坐果 93 个[4]。后来多年的试验结果也表明，'英华'杏在这种简易塑膜大棚中栽培单株结果多，而同一个大棚内的'开园'和'春华'杏树结果较少。

2014—2017 年的试验结果表明，露地栽培'开园'的成熟期是 5 月 10—18 日[5]。与露地栽培'开园'相比，塑膜大棚栽培的'英华'杏提前 2~3 天成熟意义不大，其意义在于初步结果表明'英华'是一个适合塑膜大棚保护地栽培的品种。

附表 1-1　大棚栽培和大田栽培'英华'杏的试验结果

年份	处理	单果重（g）	果实硬度（kg/cm）	可溶性固形物含量（%）
2017	5-20 大棚杏	50.9	4.00	9.6
	5-20 大田杏	41.1	4.90	9.2
2016	5-19 大棚杏	46.5	3.98	13.7
	5-19 大田杏	41.1	5.24	11.0

四、新品种杏'国华'塑膜大棚栽培试验

大树高接品种试验：2017 年将山东省果树研究所万吉山试验基

地杏园高密度栽植的6年生树改接'国华',使用缓释复合肥、适时灌溉、幼果期绿色防控病虫害等技术措施露地栽培,2020年5月25日左右成熟,专家现场测产,亩产量1 458.9 kg,早熟、果皮厚等特点突出,品质好。可溶性固形物含量经测定为15.1%[6]。

简易大棚栽培试验:2017年将山东省果树研究所万吉山试验基地杏园简易塑料薄膜大棚内的6年生树改接、采用前述自然控温和栽培技术措施栽培的'国华',5月20日左右成熟。与露地栽培的杏相比,其果实提早5天成熟,果个较大、果皮鲜亮等特点突出,'国华'杏适合大棚栽培。2019年、2020年和2021年亩产量分别为476.3 kg、1 126.0 kg和2 128.1 kg[6]。

随着我国经济的发展和人民生活水平的提高,人们对水果的需求日趋多样化和高品质化。作为具有自主知识产权的品种,'国华'杏为满足新时代人们的水果需求提供了新的选择。除了进行大田栽培外,'国华'也可作为简易塑膜大棚栽培品种,下一步可进行'国华'的冬暖式大棚栽培试验。

五、可用于塑膜大棚栽培试验的新品种杏

目前,冬暖式塑膜大棚等保护地栽培的杏一般在4月上中旬至5月上旬供应市场,大田栽培的杏一般在5月下旬开始供应市场,作者研究团队近些年推出的极早熟新品种杏'春华'和'开园'可在5月中旬供应市场。"五一"节之后的一段时间,杏的市场供应量少,价格高,生产上缺少相应的主栽品种。

目前生产上大棚栽培的杏品种主要是'金太阳'和'凯特',一些露地栽培的杏品种如'珍珠油杏'在大棚中栽培表现出坐果率过低等问题,'英华'和'国华'为大棚杏栽培提供了新的品种选择,下一步可考虑以'英华''国华'及露地栽培产量高的'立园''春华'作为冬暖式大棚栽培杏的品种进行试验,增加大棚杏品种的多样性,扩展杏供应期,其中试验栽植'春华'时注意配置'美

华'作为授粉品种。

参考文献:

[1] 张乐森.冬暖式塑料大棚杏栽培技术.果农之友,2008(10):14.

[2] 郭青,郭吉新,孙久兰,等.红荷包杏结果树春暖式大棚栽培管理技术.落叶果树,2004(6):29-30.

[3] 何丽丽,王志仲.春暖式大棚杏栽培管理技术.烟台果树,2007(1):40-41.

[4] 苑克俊,牛庆霖,王培久,等.塑料薄膜大棚和露地栽培杏的比较研究.天津农林科技,2018(1):3-6.

[5] 苑克俊,牛庆霖,王培久.特早熟杏"开园"的培育和栽培管理技术.烟台果树,2017(3):18-19.

[6] 苑克俊,牛庆霖,秦志华,等.杏新品种'美华'制干研究.山东林业科技,2023(1):63-64.

附录二 可参考的'金太阳'杏冬暖塑膜大棚温湿度指标

为了更方便地人工监控'金太阳'杏冬暖式塑膜大棚的温度和湿度,选择7:00—9:00和12:00—14:00时两个时段进行旬平均温度、湿度的测定和计算,获得大棚管理期内各旬的适宜温度、湿度指标和温度调控范围。在正常生长结果情况下,1月下旬花期阶段,7:00—9:00时段温度达到9.2 ℃左右为宜,12:00—14:00时段温度以22.4 ℃左右为宜,最高不超过25.0 ℃。这些结果为新品种杏'英华''国华''立园''春华'进行冬暖式大棚栽培试验提供了温度、湿度参考指标。

杏风味独特,在春季和初夏水果市场上具有不可替代的作用。冬暖式塑膜大棚栽培杏一般在4月上旬开始供应市场,成熟期正值新鲜水果供应淡季,价格较高,效益显著[1-2],已成为一项重要的高效益果树产品。近年来,受到生产者的重视。冬暖式塑膜大棚杏的成熟早晚主要受棚内温度的影响,目前,报道的大棚杏栽培参数主要是温度指标,包括棚内白天温度和夜间温度,最高温度和最低温度等[3-5]。棚内最高温度出现在白天易于监控,最低温度出现在夜间不便于监控。虽然目前有温湿度自动记录设备可用,但因价格高许多大棚并未配备。为了更好地控制冬暖式塑膜大棚的温度,调控杏果实成熟期,选择便于人工监控和记录的揭毡前7∶00—9∶00时段和12∶00—14∶00时段棚内温度和湿度作监控指标,对杏果实成熟期不同的两个'金太阳'杏生产大棚的温度和湿度进行了调查分析[6]。

一、冬暖式塑膜大棚概况

冬暖式塑膜大棚(附图2-1、附图2-2)位于肥城市涧北村,分为南北两座(相距约200 m),均为东西走向。栽培杏品种主要是'金太阳',少量为'凯特',试验以'金太阳'为对象[6]。

北大棚长80 m,宽10 m,后墙和东西两端为土墙,后墙厚度0.9 m,上端宽0.8 m,高度2.7 m,靠近后墙的过道1.1 m;水泥立柱支撑棚顶竹架,最高处3.4 m,棚南面柱高1.3 m。采用无滴膜覆盖,覆棉毡,配置大棚自动卷毡机。在上端设置宽纱网通风口调节气温,在东端建管理房。棚前挖排水沟防涝。杏栽植株行距1.5 m×2.0 m[6]。

南大棚长100 m,宽10 m,后墙和东西两端土墙,后墙厚度0.8 m,上端宽0.7 m,高度2.7 m,靠近后墙的过道1.2 m;水泥立柱支撑棚顶竹架,最高处3.1 m,棚南面柱高1.0 m。采用无滴膜覆

盖，覆棉毡，配置大棚自动卷毡机。在上端设置宽纱网通风口调节气温，在东端建管理房，棚前挖排水沟防涝。杏栽植株行距 1.2 m× 2.0 m[6]。

二、大棚管理

北大棚：12 月 3 日浇水，12 月 16 日盖黑地膜，12 月 30 日扣棚。1 月 1 日开始 7：00—9：00 揭棉毡，16：30—17：00 盖棉毡[6]。

南大棚：12 月 19 日浇水，12 月 25 日盖黑地膜，12 月 25 日扣棚。12 月 30 日开始 7：00—9：00 揭棉毡，16：30—17：00 盖棉毡[6]。

温湿度测量。每个棚内在后墙上悬挂 2 支水银温度计和 1 支温湿度计，避开阳光直射处，每天 7：00—9：00 时段揭棉毡前记录 1 次温度和湿度，12：00—14：00 时段记录 1 次温度和湿度。温度取两支水银温度计的平均值。地温采用地温温度计测定[6]。

果实发育期旬平均温度积温 = 杏树开花至果实成熟时段内每旬积温（旬平均温度×该旬果实发育天数）累加值。利用 4 月上旬旬平均温度和果实发育期旬平均温度积温预测杏果实成熟期[6]。

三、开花和果实成熟期

两个大棚内的'金太阳'杏均在 1 月 25 日开花，果实成熟期则不同，北棚果实 4 月 3 日成熟，销售单价每 28 元/kg；南棚杏果 4 月 7 日颜色变黄[6]。

四、棚内温度及其与果实成熟期的关系

附表 2-1 表明，在试验期不同月份，午后时段旬平均温度有时北棚高、有时南棚高，两个大棚内的旬最高温度相差不大，旬最低温度无明显规律；早晨时段北棚内的旬平均温度均高于南棚，旬最

低温度除1月上旬外都是北棚高于南棚，旬最高温度除1月下旬外都是北棚高于（或等于）南棚。北棚果实成熟早可能与早晨时段北棚内旬平均温度高有关[6]。

附表2-1 南北两座'金太阳'杏栽培大棚不同时期棚内旬温度

（单位：℃）

时间段	棚	早晨平均温度	早晨最低温度	早晨最高温度	午后平均温度	午后最低温度	午后最高温度	备注
1月上旬	南棚	5.5	4	7	15.6	9	21	
	北棚	5.6	3	8	19.5	17	24	
1月中旬	南棚	6.5	4	10	19.3	14	24	
	北棚	8.5	8	10	17.0	8	24	
1月下旬	南棚	8.7	6	14	22.3	20	24	开花
	北棚	9.6	8	11	22.5	12	25	开花
2月上旬	南棚	7.6	7	8	22.4	18	23	
	北棚	9.9	9	12	19.1	12	25	
2月中旬	南棚	9.2	7	10	22.0	19	25	
	北棚	10.3	9	12	23.8	14	26	
2月下旬	南棚	11.5	9	13	23.9	17	28	
	北棚	11.9	10	13	24.0	16	26	
3月上旬	南棚	13.7	12	15	28.3	25	30	
	北棚	15.7	13	17	27.4	24	29	
3月中旬	南棚	15.3	14	16	29.3	28	30	
	北棚	17.7	16	18	28.4	26	30	
3月下旬	南棚	15.1	13	17	28.2	25	30	
	北棚	18.2	16	20	28.9	25	30	

(续表)

时间段	棚	早晨平均温度	早晨最低温度	早晨最高温度	午后平均温度	午后最低温度	午后最高温度	备注
4月上旬	南棚	15.9	13	18	29.1	28	30	果实变黄
	北棚	19.8	18	21	29.9	28	31	成熟

北棚扣棚至4月3日果实成熟这段时间内,其午后时段的旬最高温度积温是1 699.1 ℃,早晨时段的旬平均温度积温是938.8 ℃;南棚扣棚至4月3日果实尚未成熟,其午后时段的旬最高温度积温是1 783.3 ℃,早晨时段的旬平均温度积温是807.3 ℃;南棚扣棚至4月7日果实变黄,其午后时段的旬最高温度积温是1 899.7 ℃,早晨时段的旬平均温度积温是870.9 ℃。说明棚内早晨时段的旬平均温度积温达到一定数值果实就会成熟。北棚果实成熟早与早晨时段北棚内的温度相对较高有关。将北棚早晨时段的旬平均温度积温938.8 ℃作为果实成熟的积温指标,由于南棚果实4月7日变黄时相应积温870.9 ℃,与果实成熟积温指标938.8 ℃相差67.9 ℃,早晨时段南棚内旬平均温度15.9 ℃(附表2-1),形成67.9 ℃积温需要4.3天,4月7日再加上这4.3天,南棚果实4月12日成熟,与从南棚杏树种植者那里获得的调查结果与以往经验相符[6]。也可以这样计算,由于南棚4月3日时相应积温807.3 ℃,与前述果实成熟积温指标938.8 ℃相差131.5 ℃,早晨时段南棚内旬平均温度15.9 ℃(附表2-1),形成131.5 ℃积温需要8.3天,4月3日再加上这8.3天,南棚果实4月12日成熟,与上述结果一致。

温度管理是大棚杏栽培成功的关键。两个大棚的果实均正常生长和成熟,说明两个大棚的温度条件是合适的,故计算出两个大棚早晨时段的旬平均温度,取其平均值作为每旬早晨时段温度的主要控制指标;计算出两个大棚午后时段的旬平均温度,取其平均值作为每旬午

后时段的温度主要控制指标,结果见附表2-2。从两个大棚早晨时段的旬最低温度找出最低值作为早晨温度监控的下限参数指标,从两个大棚早晨时段的旬最高温度找出最高值作为早晨温度监控的上限参数指标;从两个大棚午后时段的旬最低温度找出最低值作为午后时段温度监控的下限参数指标,从两个大棚午后时段的旬最高温度找出最高值作为温度监控的上限参数指标,结果见附表2-2。附表2-2给出了1月至4月上旬各旬大棚早晨时段的旬平均温度、旬最低温度和旬最高温度参数指标,午后时段的旬平均温度、旬最低温度和旬最高温度参数指标,也给出了北棚一些旬地温供参考[6]。

在大棚杏生长期内,花期的温度控制至关重要。从附表2-2可看出,在1月下旬花期阶段,早晨时段的旬平均温度9.2℃、最低温度6.0℃、最高温度14.0℃,午后时段的旬平均温度22.40℃、最低温度12.0℃、最高温度25.0℃[6]。

附表2-2 '金太阳'杏栽培大棚不同时期棚内的控制旬温度

(单位:℃)

时间段	早晨平均温度	早晨最低温度	早晨最高温度	午后平均温度	午后最低温度	午后最高温度	北棚早晨地温
1月上旬	5.6	3	8	17.6	9	24	8
1月中旬	7.5	4	10	18.0	8	24	10
1月下旬	9.2	6	14	22.4	12	25	13
2月上旬	8.8	7	12	20.8	12	25	14
2月中旬	9.8	7	12	22.9	14	26	
2月下旬	11.7	9	13	24.0	16	28	16
3月上旬	14.7	12	17	27.9	24	30	20
3月中旬	16.7	14	18	28.9	26	30	
3月下旬	16.7	13	20	28.6	25	30	
4月上旬	17.9	13	21	29.5	28	31	

五、棚内湿度

南北两个大棚的果实均正常生长和成熟,说明两个大棚的湿度条件也是合适的。从附表2-3看,午后时段的棚内空气湿度较低,1月至4月上旬各旬早晨时段的棚内空气相对湿度为56.5%~76.3%,可做为棚内空气湿度的调控指标。

附表2-3 '金太阳'杏栽培大棚不同时期的棚内旬平均空气相对湿度

(单位:%)

时间段	早晨平均湿度	早晨最低湿度	早晨最高湿度	午后平均湿度	午后最低湿度	午后最高湿度	备注
1月上旬	56.5	40	70	24.1	<20	62	
1月中旬	67.3	60	75	33	<20	70	
1月下旬	65.2	52	75	16.4	<20	55	开花
2月上旬	70.9	65	80	31.4	<20	70	
2月中旬	74.7	70	80	47.7	<20	78	
2月下旬	76.3	70	82	45.2	<20	80	
3月上旬	75.2	60	80	42.3	30	80	
3月中旬	72.9	65	78	34.7	25	60	
3月下旬	71.0	60	75	39.7	25	60	
4月上旬	67.1	60	74	44.2	30	64	

六、结语

温度管理是大棚杏栽培成功的关键,温度可通过放风调节和揭盖毡进行控制(附图2-3、附图2-4)。夜间温度不便于监控。本研究将揭毡前7:00—9:00时段的棚内温度和空气相对湿度作为人工监控指标,便于监控和记录,并且这一时段棚内与外界尚由保温层

隔开，棚内温度和湿度受外界影响小，能很好地指示出棚内的温湿度状况，还能在一定程度上反映夜间的棚内温度和湿度高低。通过试验，确定了 1—4 月大棚管理期内各旬 7：00—9：00 时段和 12：00—14：00 时段的适宜温湿度和调控范围，提供了不同时期的棚内温度和湿度参数指标。例如，在至关重要的 1 月下旬花期阶段，早晨时段温度宜控制在 9.2 ℃左右，午后时段宜控制在 22.4 ℃左右、最高不超过 25.0 ℃。经研究分析，将 7：00—9：00 时段和 12：00—14：00 时段大棚内的温度和湿度确定为温度和湿度指标是合理的，早晨时段的棚内空气湿度宜控制在 56.5%~76.3%[6]。

本研究还表明，早晨时段棚内旬平均温度积温值 938.8 ℃可作为预测大棚杏果实成熟的温度指标。提出以旬为单位提供温度和湿度指标是适宜的。优点：一旬内 1~2 天甚至几天不能获得温度和湿度数据时，仍然可获得旬平均温度及预测大棚杏果实成熟的积温值。杏果实成熟温度指标的提出，为合理安排大棚扣棚时间、调控杏果实成熟期、向市场分期供应鲜杏提供了科学依据[6]。

随着科技水平的提高，未来大棚的自动化控制必将获得更大发展。这里提供的大棚温度参数不仅便于人工监控和记录，也可以用作大棚温度自动控制的参数。需要注意，这里报道的是'金太阳'品种的试验结果，对于其他杏品种需要进行单独的试验探索其大棚栽培的管理条件。

参考文献：

[1] 苑克俊，辛力，王长君，等. 山东省杏生产现状及发展建议. 落叶果树，2012，44（5）：20-23.

[2] 苑克俊，李圣龙，牛庆霖，等. 山东省杏产业发展分析与建议. 落叶果树，2018，50（2）：8-11.

[3] 温吉华，高坦金. 冬暖式大棚栽培金太阳杏技术. 农业新技术，2003（5）：4-5.

［4］ 张乐森．冬暖式塑料大棚杏栽培技术．果农之友，2008（10）：14-15.

［5］ 徐远举．冬暖式大棚栽培金太阳杏技术．果农之友，2008（12）：23-23.

［6］ 苑克俊，李圣龙，代华风，等．金太阳杏塑膜大棚温湿度及果实成熟温度研究．落叶果树，2022，54（3）：8-11.